国家自然科学基金青年科学基金项目（52104048）资助
国家自然科学基金面上项目（42072191）资助
教育部“111计划”煤层气地质理论与开发技术学科创新引智基地（B13023）资助

低渗储层注超临界CO_2驱替及封存规律研究

王千　申建／著

中国矿业大学出版社
·徐州·

内容提要

石油是我国工业的命脉，低渗储层中的石油储量占我国探明储量的30%以上。低渗油藏注CO_2开发是提高石油采收率的有效手段，同时可以实现CO_2的地质封存，增加经济效益的同时助力我国“双碳”战略。本书主要涉及低渗储层注CO_2开发过程中储层岩石和储层流体参数、低渗储层注CO_2驱油特征、低渗储层注CO_2后储层物性变化以及储层中CO_2埋存特征等方面的内容。

本书可供相关专业的研究人员借鉴、参考，也可供相关专业教师教学和学生学习使用。

图书在版编目(CIP)数据

低渗储层注超临界CO_2驱替及封存规律研究 / 王千，申建著. —徐州：中国矿业大学出版社，2022.8

ISBN 978-7-5646-5495-5

Ⅰ. ①低… Ⅱ. ①王… ②申… Ⅲ. ①低渗透储集层－注二氧化碳－驱油－研究②低渗透储集层－注二氧化碳－保藏－研究 Ⅳ. ①TE357.45

中国版本图书馆CIP数据核字(2022)第151748号

书　　名　低渗储层注超临界CO_2驱替及封存规律研究
著　　者　王　千　申　建
责任编辑　何晓明　吴学兵
出版发行　中国矿业大学出版社有限责任公司
（江苏省徐州市解放南路　邮编221008）
营销热线　(0516)83885370　83884103
出版服务　(0516)83995789　83884920
网　　址　http://www.cumtp.com　**E-mail**:cumtpvip@cumtp.com
印　　刷　苏州市古得堡数码印刷有限公司
开　　本　787 mm×1092 mm　1/16　**印张** 10.75　**字数** 211 千字
版次印次　2022年8月第1版　2022年8月第1次印刷
定　　价　45.00元

前 言

在 CO_2 驱油过程中，不同的 CO_2 注入方法及储层非均质性对 CO_2 驱油及埋存的效果有重要影响。此外，注入的 CO_2 与储层流体（地层水、原油）及岩石发生物理化学反应，产生无机沉淀和沥青质沉淀，导致储层岩石孔喉堵塞及润湿性变化，增加原油流动阻力，进而影响储层注 CO_2 提高原油采收率和 CO_2 埋存效率。因此，研究不同特征储层中不同 CO_2 驱油方法的驱油埋存效果的差异以及 CO_2 驱油过程中储层岩石物性变化等问题，是选择合理的 CO_2 驱油方法提高原油采收率及减少储层伤害的重要前提。

本书研究的目标油藏是长庆油田 H 区块低渗砂岩储层。首先测试了高温高压条件下地层流体、超临界 CO_2 基本物性参数及原油中 CO_2 浓度与沥青质沉淀的关系，确定了 CO_2-地层原油的最小混相压力（MMP）。针对不同物性特征储层中不同 CO_2 驱油方法的驱油特征和 CO_2 埋存效果以及沥青质沉淀、无机沉淀造成的储层伤害规律等问题，本书进行了多组岩心驱替实验。

宏观层面层间非均质性强的多层储层中的驱替实验表明，CO_2 驱后整个系统的采收率较低，91％的产油来自高渗层，剩余油分布在中、低渗层。气水交替驱（CO_2-WAG）过程中 CO_2 突破时间较晚，各层的原油采收率显著改善。此外，CO_2 驱后高渗层的渗透率下降了16.1％，95.1％的下降幅度由沥青质沉淀引起。CO_2-WAG 驱后，各层的渗透率下降幅度分别为 29.4％、16.8％和 6.9％，在高渗透层中20.6％的渗透率下降由 CO_2-地层水-岩石相互作用引起。

微观层面基于孔隙半径分布和压汞曲线，通过分形理论对4块渗透率相似的岩心孔喉结构特征进行了定量评估，并进行了混相和非混相的 CO_2 及 CO_2 注入浸泡交替（CO_2-SAG）驱油实验。研究发现，在原油采收率方面 CO_2 混相驱比 CO_2 非混相驱高12%～17%，孔喉结构均质的岩心比非均质岩心高18%～27%。在非混相驱替时，岩心原油采收率受孔隙结构的影响更明显。由于沥青质沉淀引起的孔喉堵塞，混相和非混相驱替后岩心渗透率分别下降了7%～15%、4%～8%，且渗透率下降幅度与岩心孔喉结构分形维数成正比。混相和非混相驱替后岩心的润湿指数分别下降了25%～60%、10%～22%。CO_2-SAG驱的原油采收率比 CO_2 驱高8%～14%，且岩心孔喉结构的非均质性越强，产油改善程度越大。孔喉结构越均匀，CO_2 浸泡过程中的压力衰减速度越快，驱替后由于沥青质沉淀而引起的渗透率下降越小。具有相同采收率时，CO_2-SAG驱对岩心的损害相对较小，特别是对于孔喉结构较差的岩心。但 CO_2 浸泡过程导致了更严重的润湿性变化。

沿流动方向渗透率递减的非均质长岩心中，CO_2-SAG驱后原油总采收率为72.8%，比 CO_2 驱高11.2%。CO_2-SAG驱后不同位置的岩石原油采收率沿 CO_2 注入方向减小，为53.7%～86.7%，CO_2 驱后为41.3%～79.9%。然而，与 CO_2 驱相比，浸泡过程对原油采收率的改善程度沿 CO_2 注入方向逐渐增加。长岩心中低渗岩石的原油采收率提高更多，尤其是这部分岩石的中等孔隙。CO_2-SAG驱后岩心的渗透率下降幅度为12.4%～27.9%，比 CO_2 驱高1.0%～4.5%。沿着 CO_2 注入方向，岩石渗透率下降幅度先上升后下降，注入端岩心渗透率总体下降幅度大于出口端。CO_2-SAG驱后润湿性变化较大，润湿性变化分布与驱替后剩余油饱和度分布一致，中间岩石的润湿性变化最大。

三个不同渗透率长岩心组成的多层系统中进行的混相 CO_2-SAG与 CO_2-SAG驱油实验结果对比表明：CO_2-SAG驱后低、中、高渗层的

原油采收率分别比 CO_2 驱高 7.7%、8.3% 和 7.6%。CO_2-SAG 驱后每层的产油贡献率分别为 10.6%、27.7%和 61.6%，不同渗透率层之间的差异小于 CO_2 驱。CO_2 驱后，注入端高渗层渗透率下降 24.5%～25.8%，下降幅度比出口高 5.5%～14.3%。CO_2-SAG 驱渗透率下降幅度比 CO_2 驱高 0.7%～9.7%，渗透率下降分布更均匀。CO_2 驱沥青质颗粒堵塞对总渗透率下降的贡献沿流动方向逐渐减小，为84.7%～62.7%。复杂的油气两相流动更容易造成沥青质沉淀堵塞孔喉。

CO_2-WAG 及 CO_2-SAG 驱 CO_2 换油率明显高于 CO_2 驱，混相驱高于非混相驱。CO_2-SAG 驱结束后 CO_2 埋存效率最高，储层中剩余流体溶解的 CO_2 浓度更高。向盐水层注 CO_2 埋存过程中，在 CO_2 突破时 CO_2 埋存效率最高，CO_2-地层水-岩石相互作用对储层造成的损害远高于 CO_2 驱油过程。

全书由王千撰稿和统稿。申建教授为第 5 章提供了部分内容，杨胜来教授为全书的撰写提供了诸多的修改意见，谨向他们表示由衷的感谢！CO_2 驱油及 CO_2 埋存涉及诸多学科领域，本书难免有疏漏和不足之处，敬请广大读者批评指正。

著　者

2022 年 4 月

目　录

第1章 绪 论

1.1 研究目的及意义

常规油气储量随着能源需求的增加而减少，非常规天然气和石油资源变得越来越重要，低渗砂岩油藏被认为是可以在中国实现大规模开发的重要替代资源。我国已探明的低渗油藏地质储量占全国原油探明储量的30%左右。注水开发在低渗油藏中存在注入困难、驱油效率低等问题。注CO_2驱油是一种有效提高低渗油藏原油采收率(EOR)的方法，且向储层中注CO_2的难度相对较小，在大幅度提高油藏采收率的同时还能实现CO_2的埋存[1-8]。在注CO_2驱油过程中，大量CO_2溶于地层原油，原油体积膨胀且黏度大幅下降，有效增加了原油在储层中的流动性[9-12]。低渗储层中原油轻质组分含量更高，CO_2驱油过程中更易与原油达到混相状态，CO_2与原油之间的相界面消失，CO_2驱油过程中毛细管压力大幅度下降，使得原油采收率大幅度提升[13-16]。

然而，油藏注CO_2驱油的效果受到储层特征的影响，储层岩石物性参数及非均质性决定了CO_2驱油过程中流体在储层中的分布，最终影响原油采收率[17-20]。此外，CO_2驱替方法包括持续CO_2驱、气水交替驱(CO_2-WAG)、碳酸水驱(CWI)等，不同的CO_2驱替方法具有不同的生产特征[21-22]。储层岩石物性及储层流体物性参数对CO_2驱替方式及注入参数的选择有重要的影响。注CO_2驱油过程中，储层中的CO_2-原油-地层水-岩石矿物相互作用会导致沥青质沉淀和无机沉淀的产生，在储层岩石的喉道处被捕集或吸附在孔隙喉道表面，造成孔喉堵塞以及储层岩石润湿性变化，严重影响油藏中原油的采收率[23-25]。驱油过程中CO_2的利用效率和埋存效率也是评价CO_2-EOR技术的一个重要参考指标，同样受到储层物性特征、CO_2注入方式以及驱替过程中储层物性变化的影响。

此外，向盐水层注CO_2也是实现CO_2埋存的重要方式。向盐水层注CO_2

驱替地层水的驱替特征以及驱替后地层水和 CO_2 在盐水层中的分布是评估盐水层中 CO_2 注入难度和 CO_2 埋存效率的基础。相对于 CO_2 驱油过程，盐水层注 CO_2 过程中 CO_2-地层水-岩石相互作用更强[26]，对储层物性改造能力更显著，进而影响 CO_2 注入过程中 CO_2 和地层水在储层中的渗流特征，最终影响 CO_2 在盐水层中的埋存效率。深入认识和研究不同物性储层中不同 CO_2 注入方式的 CO_2 驱替、CO_2 埋存特征以及驱替和埋存过程中有机、无机沉淀对储层造成伤害的规律是矿场选择合理 CO_2 注入方法的前提。

本书针对长庆低渗砂岩储层，主要以室内物理模拟为主要手段研究储层岩石物性及非均质性对不同 CO_2 注入方式的驱油效果、储层物性损害及储层和盐水层中 CO_2 埋存的影响，为矿场选择合理的 CO_2 注入方式提供理论及数据支持。

1.2 国内外研究现状

1.2.1 储层岩石物性及非均质性

(1) 岩石孔喉结构

低渗砂岩储层的岩石物性较差，具有孔隙度低（<15%）、渗透率低（0.01～10 mD）、孔喉结构细小、非均质性强等特征[27-28]。孔隙喉道是油气的主要储藏空间和运移通道，对孔喉结构准确地进行评价是研究孔喉结构对低渗砂岩储层中油气渗流特征影响的关键。

孔喉结构包括孔隙体和喉道的形状、类型、尺寸分布以及连通性。现有观察或表征岩石物理特性的实验技术包括场发射扫描电子显微镜（FE-SEM）、扫描电子显微镜（SEM）、纳米/微计算机断层扫描（CT）、核磁共振（NMR）、气体吸附、高压压汞（HPMI）、恒速压汞（CRMI）、岩石铸体薄片观察等[29-33]，见表 1-1。

表 1-1 岩石孔喉结构测试方法

测试方法	测试尺度	测试特征
扫描电镜	微米级孔喉大小、形态	图像精度高，但无法获得孔喉结构定量参数，观察视野有限
CT 扫描	纳米级微观孔喉形态三维图像、连通性的定量表征	通过无损手段实现孔喉结构的提取和重建，受限于成像精度和样品尺寸的矛盾，无法开展大尺度样品的三维重建
高压压汞	孔喉大小、分布	汞注入压力较高，能进入微小孔隙，但不能区分孔隙体和喉道

表 1-1(续)

测试方法	测试尺度	测试特征
恒速压汞	孔喉大小、分布、孔喉比	可以获得孔喉比,但最大注入压力较低,分析仅限于大于 120 nm 的孔
气体吸附	纳米级孔喉大小、分布	需要破坏岩石样品,只能表征砂岩的微孔
铸体薄片	毫米级孔喉大小、形态	技术成熟,应用广泛,但不能获得定量参数,精确度较低

FE-SEM、SEM 和铸体薄片通常用于观察岩石孔喉的大小、形态和类型,但不能获得定量参数。CT 扫描过程对岩石无损,并且可以在三维图像中分析孔隙喉道网络,但观察样品的视野区域范围和分辨率之间存在一定矛盾。气体吸附需要破坏岩石样品,并且只能表征砂岩的微孔。HPMI 测试能获得岩石孔隙半径分布和孔喉特征参数,但大孔的确切数量受到较小孔的屏蔽作用,识别较小孔所需的巨大注汞压力可能会损害岩石孔喉结构,更重要的是不能区分孔隙体和喉道。CRMI 可以克服这一缺陷,并得出孔隙体和喉道的毛细管压力曲线。但是,由于 CRMI 的最大注入压力为 6.2 MPa,该分析仅限于大于 120 nm 的孔。汞的注入会污染岩心样品使其不能使用,而 NMR 是一种快速且无损的测试方法,NMR 测试的结果与弛豫时间有关,需要通过结合 NMR 和其他技术将弛豫时间转换为孔隙半径。NMR 可以显示孔径范围从纳米级到毫米级的孔。但是,像 HPMI 测试一样,NMR 仍无法区分孔隙体和喉道。单一技术不足以完全表征低渗砂岩的孔喉结构。由于每种测试方法均存在强项和局限性,因此人们考虑将各种方法结合起来完整地描述储层岩石的孔喉结构,例如将 HPMI 和 CRMI 结合起来表征砂岩的总孔径分布(PSD),NMR 和 CRMI 的整合可以揭示低渗砂岩的总孔喉结构特征。

(2) 储层非均质性

储层非均质性是评价油藏的核心指标之一,对油气田开发方案的设计和调整具有重要意义。由于油气储层的形成过程受到沉积、成岩以及构造作用的影响,因此岩性、物性、含油性和微观特征在空间分布上产生了巨大的差异性,对油水运动规律及最终原油采收率产生极大的影响。对储层非均质性的评价主要是指对储层特征及其空间变化规律进行定性描述或定量表征。储层非均质性包括宏观(层内、平面和层间非均质性)和微观两方面。油藏油水界面、注入流体的波及体积以及剩余油分布受到储层宏观非均质性的影响,微观非均质性则影响储层中流体的渗流规律和微观剩余油分布[34-35]。

层内非均质性是指一个储层砂体在垂直方向上储集性能的分布变化,包括层内粒度韵律和渗透率韵律及其非均质程度,是影响注入层内流体波及体积的主要因素。平面非均质性是指一个储层砂体在平面上储集性能的分布变化，主要包括储层规模、连续性、几何形态、孔隙度、渗透率等方面，是引发注水前缘不均匀推进的主要原因，对于注入流体的平面波及效率和剩余油的平面分布有很大的影响。层间非均质性是油藏含油区域内砂体层间的差异，具体是指砂体在地质剖面上规律性地交互出现。非均质油田中还存在隔层，是对流体运动具有阻隔作用的不渗透岩层[36]。

储层微观非均质性主要指储层岩石孔喉结构层面的非均质性，是岩石物性的重要参数。分形理论是研究岩石孔隙结构的有效方法，已经成功地用于表征沉积岩在大范围孔隙空间内的非均质性。分形理论在微观形态(孔隙大小和形状、孔隙粒度分布、孔隙连通性)和宏观特性(孔隙度、渗透率)之间建立了联系，分形特征用分形维数来表征，被广泛用于量化孔隙结构和岩石物性的复杂性[37-39]。基于 HPMI 测试获得的毛细管压力曲线中得到的分形维数通常用于评估储集层岩石的微观非均质性，$\log S_{Hg}$-$\log p_c$ 关系曲线具有清晰的拐点。小孔和大孔具有不同的分形维数值，小孔的分形维数值往往小于 2.5，而大孔的分形维数值则可能接近或大于 3.0。因此，小孔的分形维数主要与微孔有关，其分形分析结果用于定量表征砂岩的孔喉结构和非均质性。此外，基于相似原理许多学者也将分形理论与其他技术相结合，例如分形理论与 SEM、NMR、氮吸附和 X-CT 扫描测试方法结合来研究岩石孔隙结构的特征[40-41]。

1.2.2 CO_2 驱油提高采收率机理

CO_2 驱油提高采收率机理主要包括[42-44]：① 原油降黏作用，在地层高温高压条件下，注入的 CO_2 能迅速溶解于原油中，大幅降低原油黏度，降低其在储层多孔介质中的渗流阻力；② 原油体积膨胀作用，由于 CO_2 的溶解，原油体积发生膨胀，使部分原油脱离孔隙表面，不仅增强了油藏的弹性开采能力，而且使原油更容易被驱替；③ 降低界面张力作用，注入的 CO_2 在原油和地层水中的溶解降低了储层中油水界面张力，不仅有利于油膜从孔隙表面脱落，而且同时保持了水膜的稳定性，使残余油聚集并提高其在孔隙中的流动性；④ 溶解气驱作用，溶解了 CO_2 的原油在向采油井流动过程中生产压力不断降低，CO_2 逐渐从原油中分离出来，对原油产生驱替作用；⑤ 轻烃萃取作用，CO_2 与原油接触，引发油气之间的传质作用，萃取原油中轻质组分形成 CO_2 富气相，进而提高原油采收率；⑥ 改善流度比，CO_2 溶于原油后使其黏度下降，原油的流度增大，而地层水溶解 CO_2 后流度降低，可有效提高驱油效率；⑦ 酸化地层，CO_2 溶于地层水后形成碳酸，溶蚀储层砂岩岩石中碳酸盐矿物和部分黏土矿物，能在一定程度上增加储层孔隙度和渗透率，提高储层注入能力；⑧ 混相作用，当地层压力高于混相压力时，地层中原油与 CO_2 达到混相状态，此时油气相界面消失，CO_2-原油体系的流动近似为单相流，可有效降低原油在储层中的流动阻力。

最小混相压力(MMP)定义为在实际油层温度下进行动态多触点混溶过程后注入的 CO_2 和残留油可以混溶的最低工作压力，是原油和注入的 CO_2 能否达到混相状态的重要判断依据[45]。细管测试、岩心驱替测试和上升气泡仪(RBA)是确定 MMP 的最常用实验方法[46]。此外，基于消失的界面张力(VIT)技术的悬滴法可以定量、快速、经济地确定各种原油-CO_2 系统的 MMP。当两种流体任意比例的混合物都保持在一个单一的相中而没有任何界面，这两种流体是可混溶的，此时原油和注入的 CO_2 之间的界面张力(IFT)接近于零[47]。在这种测试方法中，通过应用液滴悬垂情况下的轴对称液滴形状分析技术(ADSA)，可以在不同的测试压力和实际油藏温度下准确测量原油和 CO_2 之间的平衡 IFT。然后，通过将测得的平衡 IFT 与测试压力数据线性外推到 IFT 为零，确定原油-CO_2 系统的 MMP 值。

1.2.3 CO_2 驱油技术分类

向油藏储层中持续注入 CO_2 可以快速提高原油采出程度。但是由于储层的非均质性，原油和 CO_2 黏度及密度存在较大差异，CO_2 驱油过程中容易出现严重的黏性指进和重力分异现象，使得注入的 CO_2 过早突破，在开发的早期就出现明显的气窜现象，产气量急剧上升，注入 CO_2 波及体积减小，导致较低的 CO_2 利用效率。此外，当油藏压力较低时需要注入大量 CO_2，且在低压下 CO_2 与原油较难达到混相[48-49]。因此，在持续注 CO_2 驱油技术的基础之上，针对储层特征提出改进 CO_2 驱油方法，包括 CO_2-WAG 驱、CWI 驱、CO_2 吞吐等技术[50]。这些技术与持续 CO_2 驱油技术相比，能一定程度同时兼顾微观驱油效率和体积波及效率，可有效提高 CO_2 驱油效果。

CO_2-WAG 驱是将 CO_2 和地层水以一定的比例交替注入储层中驱替原油。CO_2-WAG 驱能够减小 CO_2 相对渗透率，改善油气流度比，提高注入流体的体积波及效率。此外，注入地层水能维持地层压力，有利于 CO_2 和原油的混相。1958 年，Caudle 等[51]在五点法井网模型中进行了 CO_2-WAG 驱替实验，研究其波及效果。实验结果表明，CO_2 驱油结束后模型中的 CO_2 波及系数为 60%，之后进行的 CO_2-WAG 驱将最终波及系数提高到了 90%，WAG 段塞大小、段塞比和注气时机对最终波及系数有较大的影响。1993 年，Attanucci 等[52]通过数值模拟对砂岩储层中进行 CO_2-WAG 驱的潜力进行评价。研究结果表明，随着地层水注入段塞的增大，气油比快速上升的现象得到抑制，有效提高了最终原油采收率。2017 年，Rahimi 等[53]通过室内实验评估混相状态 CO_2-WAG 驱替原油采收率随段塞大小和气水段塞比的变化。研究结果表明，WAG 段塞体积越小，获得最终原油采收率越高，最优 WAG 段塞比为 2∶1。在相同原油采收率情况下，CO_2-WAG 驱消耗 CO_2 的量远小于连续 CO_2 驱。2018 年，Al-Bayati 等[54]在不同条件下的人造非均质岩心中进行了室内驱替实验，评估了岩心尺度非均质性对 CO_2-WAG 驱油效果的影响。实验结果表明，非均质性对原油采收率有较强的影响，CO_2-WAG 驱能有效缓解岩石非均质性对原油采收率较强的影响。2004 年，李向良等[55]通过室内长岩心驱替实验评估了 CO_2-WAG 驱段塞尺寸对原油采收率的影响。实验结果表明，当段塞尺寸大于 0.2 PV① 时，最终原油采收率不受段塞尺寸的影响。由于现场向地层注 CO_2 过程中存在漏失和气窜，因此建议合理的段塞尺寸为 0.25 PV。2012 年，熊健等[56]进行的低渗长岩心室内实验对比了不同注气段塞(0.05 PV、0.1 PV、0.15 PV)、气水比(1∶1、2∶1、1∶2)、转注时机(含水率 75%和 100%)的驱油效果。实验结果表明，注气段塞 0.15 PV、水气比 1∶2、含水率 100%时，CO_2-WAG 驱油效果最佳。

碳酸水驱油是将饱和 CO_2 的地层水注入储层驱替原油。碳酸水驱油过程中，CO_2 从地层水中扩散到原油，改善油气、油水流度比，进而发挥 CO_2 的驱油作用。此外，在地层中注入碳酸水可以减弱 CO_2 黏性指进和 CO_2 重力分异现象，进而延缓 CO_2 突破，提高注入流体的波及效率。2011 年，Riazi 等[57]通过可视的驱替实验对比了水驱、持续 CO_2 驱及碳酸水驱的驱油效果，研究了碳酸水驱油的微观机理。研究结果表明，与常规注水相比，碳酸水驱作为二次(注水前)和三次(注水后)采油方法，均可提高原油采收率。碳酸水驱油的机理包括原油溶胀、孤立油滴聚集和由于溶胀作用导致的岩石孔隙中流体分布变化，且碳酸水驱后续降压过程也对提高原油产量有利。

CO_2 吞吐技术主要利用 CO_2 溶解降黏和原油膨胀作用，针对高含水油藏、稠油油藏、小断块油藏等类型的油藏。2014 年，Abedini 等[58]通过驱替实验研究了混相和非混相的 CO_2 吞吐过程的原油采收率。实验结果表明，在低于 MMP 的工作压力下进行的 CO_2 吞吐，最终原油采收率非常低，但随着工作压力接近混相条件，原油采收率大大提高。在接近 MMP 的工作压力时，原油采收率几乎达到了最大值，超过 MMP 的工作压力对进一步提高原油采收率没有显著的改善。此外，在注水后进行 CO_2 吞吐也能有效提高原油采收率。

然而，上述驱油方法都存在一些限制[21]。CO_2-WAG 注入是最常用的 CO_2-

① PV 为孔隙体积倍数，即注入量或采出量除以孔隙体积所得的值，表示注入或采出的多少，注入量或采出量也可以直接用体积表示，但无法在不同油藏之间进行对比，因此，人们发明了 PV 数，PV 可以大于 1，也可以小于 1。

EOR 方法，对于给定的油田，可以优化段塞尺寸、段塞比和循环次数，获得 CO_2-WAG 工艺最佳的原油采收率。尽管如此，CO_2-WAG 驱后储层中仍有大量的残余油，并被过量的注入水包围，变得难以驱替，这种现象被称为阻水效应。此外，低渗地层中注水困难，CO_2-WAG 驱油的应用受到限制[59]。碳酸水驱将注水和 CO_2 驱的技术优势结合在一起，碳酸水驱的实际性能由于 CO_2 在地层水中的溶解度低而受到很大影响。CO_2 吞吐的主要 EOR 机制依赖于分子扩散而不是对流扩散，注入的 CO_2 与原油的接触面积或波及相对较小。

一种改进的 CO_2-EOR 方法，即 CO_2 浸泡交替驱（CO_2-SAG）受到油田现场的关注。CO_2-SAG 驱结合了连续 CO_2 驱与 CO_2 吞吐，将 CO_2 驱和 CO_2 吸收过程组合并交替进行。首先进行 CO_2 连续注入储层驱替原油，直到发生 CO_2 突破。在随后停止注入 CO_2，并关闭注入井和采出井，开始 CO_2 浸泡阶段（焖井），使注入的 CO_2 扩散到先前 CO_2 驱油过程中储层中未与或未充分与 CO_2 接触的剩余流体中。CO_2 浸泡阶段随着残余油中 CO_2 浓度的增加，油的黏度迅速下降，体积膨胀并进入先前形成的优势渗流通道或 CO_2 气窜通道[60]。此外，储层地层水中的 CO_2 浓度也增加了，原油和地层水之间的界面张力减小，从而克服阻水作用[21]。同时，在 CO_2 浸泡期间，CO_2 还可以有效地萃取原油中的轻质组分。浸泡阶段结束后，再次向储层中注入 CO_2 驱替原油，可以进一步提高原油采收率。与其他 CO_2-EOR 技术相比，CO_2-SAG 驱替过程中溶剂的对流扩散使 CO_2 在原油中的溶解效率比 CO_2 吞吐中的溶剂分子扩散效率高得多，且 CO_2 浸泡期间，CO_2-地层水-原油之间的相互作用更加充分，从而大大提高了后续 CO_2 驱替过程中 CO_2 的驱油效率和波及体积。与持续 CO_2 驱和 CO_2-WAG 驱相比，CO_2-SAG 驱具有更高的 CO_2 利用率和较低的注入成本。

2014 年，Li 等[21]通过岩心 CO_2-SAG 驱替实验研究了在实际油藏条件下，CO_2 渗透率对混相 CO_2-SAG 驱油效果的影响，分析了不同储层 CO_2 浸泡阶段的压力衰减规律，同时也研究了 CO_2 注入速度及是否预注水对 CO_2-SAG 驱油效果的影响。实验结果表明，较低的 CO_2 注入速率或较高的生产压力会导致 CO_2-SAG 驱后原油采收率增加，这是由于储层流体和注入的 CO_2 之间的相互作用时间更长或更充分。在相同注入体积条件下，CO_2 浸泡后的驱油效率比浸泡之前高 10%。在预注水后，CO_2 浸泡过程中的平均压力衰减最小。这是因为在相同的测试条件下，岩心中水的饱和度增加，CO_2 在储层地层水中的溶解度远小于在原油中的溶解度。预注水后可以减弱水阻效应，CO_2 浸泡后 CO_2 驱油效率更高。

1.2.4 CO_2 驱油过程中沥青质及无机沉淀规律

在储层注 CO_2 驱油过程中，CO_2-岩石-原油-地层水相互作用会引发沥青质和碳酸盐沉淀，导致储层堵塞，降低其渗透能力，并引起储层润湿性的变化。

(1) CO_2 驱油过程中沥青质沉淀

CO_2 驱油过程中，CO_2 溶于原油或对原油轻质组分的抽提作用导致原油体系热力学参数以及其组成发生变化，使原油中的沥青质聚集成沥青质固体颗粒。沥青质主要是由原油中不溶于正构烷烃而溶于芳香烃的混合物组成，主要包括极性芳香类化合物和含有杂原子的芳香类化合物[61]。原油被认为是胶体体系，分散介质为饱和烃与芳香烃，沥青质为分散相。沥青质分子能在原油中保持稳定是由于作为胶溶剂的胶质对其包裹，胶质的化学势降低至临界值会导致其包裹作用失效，失去胶质包裹的沥青质分子相互碰撞并絮凝成聚集体，最终从原油中析出形成固体沉淀[62]。原油组成、温度、压力是影响沥青质沉积的主要因素[63]。在实际油藏开发过程中极易发生沥青质沉淀，如富气驱、CO_2 驱、酸化压力相关增产措施会导致原油组成的改变，长期注水开发导致的油藏温度降低、油藏衰竭式开发导致的储层压力下降等都会导致一定规模的沥青质沉淀。然而有研究认为，在实际油藏注 CO_2 开发过程中，CO_2 溶解和脱气导致的原油组分变化是控制原油中沥青质沉积的主要因素，油藏储层温度和压力对其影响较小。

大量的国内外矿场及室内实验表明，CO_2 驱油过程中沥青质沉淀会严重伤害含油储层，使油井产量明显下降。因此，建立可靠的沥青质沉淀预测方法对注 CO_2 驱油方案设计显得尤为必要，在有效提高原油采收率同时降低沥青质沉淀对储层的损害。测试原油中沥青质沉淀的室内方法主要包括重力沉淀法、声共鸣法和光散射法[64-65]。

在重力沉淀测试过程中，根据预定的降压步长降低原油样品的压力，沥青质以固体的形式从原油中析出并沉降到 PVT 仪底部，取样并分离原油和沥青质沉淀，测试原油中剩余沥青质含量，进而得到原油中沥青质沉淀量随压力的变化规律。在该方法中可以通过缩小降压步长来提高测试结果的精度，但需要耗费更长时间。原油中发生沥青质沉淀会影响原油的流体声学性质，通过声共鸣法可以确定沥青质沉淀的临界点。测试过程中不断降低原油样品压力，同时声波接收器检测 PVT 仪中的声波信号。随着原油中固体沥青质沉淀量的增加，原油样品的硬度增加并反映在声波信号中，进而测得原油中沥青质沉淀的量。该方法测试精度为 0.69 MPa，检测只需少量的原油样品，且与重力沉淀测试相比，该方法测定时间较短。光散射法是利用近红外光探测原油的流体光学性质的变化确定原油中沥青质沉淀量。在测试过程中，原油中沥青质沉淀并形成固态悬浮物，会导致原油光散射现象增强，使透过光的强度发生变化，通过建立透过光强度和沥青质沉淀量的关系来确定沥青质沉淀的热力学条件。该测试过程耗时更短，所需样品体积更小。

目前，驱替实验是研究 CO_2 驱油过程中沥青质沉淀规律的有效手段。具体方法是通过测定储层物性变化和产出原油中沥青质含量变化间接获得沥青质沉淀量及其在储层岩石中的分布，其中物性变化主要指渗透率下降和润湿性翻转。此外，多种数学模型和相应的数值模拟也能一定程度预测 CO_2 驱油过程中沥青质沉淀对储层伤害规律及其影响因素。CO_2 驱油过程中沥青质沉淀颗粒引起的孔喉堵塞导致储层绝对渗透率降低，其机理被认为是大粒径的沥青质沉淀直接堵塞较小的孔喉或小粒径的沥青质沉淀在孔隙中的吸附和累积导致孔隙空间逐渐减小。影响因素主要包括储层原油中沥青质沉淀规模、沥青质沉淀粒径分布、储层岩石孔径分布、沥青质沉淀在储层岩石中的吸附和解析程度。原油中沥青质沉淀堵塞储层岩石孔喉的过程可以描述为：原油中沥青质分子相互摩擦聚集形成的小粒径沉淀颗粒在储层中随原油运移的过程中逐渐长大，当沥青质沉淀颗粒的尺寸接近或超过孔隙和喉道尺寸时，会在储层岩石中孔喉狭窄处被捕集，形成堵塞，使孔喉连通性变差，降低储层的渗流能力，或者吸附在孔隙表面，改变储层润湿性。

1995 年，Civan[66]研究了 CO_2 驱油后储层伤害特征。实验结果表明，造成渗透率下降的原因主要由沥青质和石蜡沉淀引起的孔喉堵塞或封闭以及储层孔隙空间的减少所致。2000 年，Nghiem 等[67]通过数值模拟方法研究了 CO_2 驱油过程中沥青质沉淀规律，研究表明原油中产生的沥青质沉淀在储层岩石孔隙表面的吸附是瞬时完成的，而孔隙喉道对沥青质颗粒的机械捕集量则随着驱替时间的增加而增加。该结论与 1991 年 Monger(蒙格)等研究人员通过室内实验研究 CO_2 注入油藏后产生的沥青质沉淀吸附等问题时得出的结论一致：CO_2 溶于原油打破了原油中的热力学平衡状态，因此而沉积出来的沥青质会很快吸附在岩石孔隙表面，使储层岩石变得更加油湿，同时导致孔隙空间的减小，引起地层渗透性的损害和堵塞井眼。1998 年，Leontaritis[68]采用 1/3 架桥规则确定了孔喉半径与造成孔喉堵塞的沥青质沉淀颗粒粒径的比值。2005 年，赵凤兰等[69]通过岩心驱替实验定量表征了 CO_2 驱油过程中储层渗透率变化与沥青质沉淀的关系。实验结果表明，CO_2 驱油过程中储层渗透率的变化幅度不仅与原油中沥青质沉淀的规模相关，同时还受 CO_2 注入速度、沥青质沉淀颗粒的粒径和储层岩心的初始渗透率的影响。2011 年，胡杰等[70]使用特制岩心驱替设备进行了室内岩心驱替实验，研究了 CO_2 驱油过程中影响渗透率变化的各种因素，并建立了各个因素与储层渗透率变化的数学关系式。2011 年，陈亮等[71]通过岩心中的 CO_2 驱油实验研究了产出油物性的变化。实验结果表明，在 CO_2 驱油过程中原油里 C_2 与 C_{30} 之间的组分会被 CO_2 不同程度地萃取，进而提高原油采收率。但 CO_2 对原油的萃取导致岩心中剩余油中轻质组分比例下降，重质组分比例增加，使剩余油黏度变大，更难以被驱替，对后续提高原油采收率造成不利的影响。2019 年，Qian 等[72]通过岩心驱替实验并以核磁共振为测试手段对 CO_2 驱油过程中沥青质沉淀引起岩心中孔喉堵塞分布进行了定量表征。研究结果表明，随着注入压力的增加，沥青质沉淀引起的地层破坏更严重。与微孔和小孔(0.1～10 ms)相比，由于中孔和大孔中的 CO_2 和原油之间有充分的相互作用，因此沥青质沉淀对中孔和大孔(10～1 000 ms)的物性变化有更大的影响。

(2) CO_2 驱油过程中 CO_2-地层水-岩石相互作用对储层物性的影响

在 CO_2 驱油过程中，注入油藏的 CO_2 溶于地层水中形成碳酸，地层水中的碳酸会与储层岩石中的碳酸盐矿物发生溶蚀反应，一定程度上增加了岩石的渗透率。但是同时储层岩石孔隙中流体的离子种类和浓度发生改变，产生不溶于水的碳酸盐无机沉淀(如 $CaCO_3$ 和 $MgCO_3$)，堵塞储层岩石孔隙，降低储层渗透能力。此外，碳酸与储层岩石中黏土矿物和部分长石发生反应，产生可移动的黏土颗粒，随流体的流动在储层中运移造成孔喉堵塞[73]。因此，在 CO_2 驱油过程中，相对于沥青质沉淀规律及引起的储层伤害特征，储层中 CO_2-地层水-岩石之间的相互作用引发的储层物性伤害特征更复杂。但是驱油过程中 CO_2-地层水-岩石之间的相互作用比 CO_2 在盐水层中埋存时要弱。因为对于水湿岩石孔隙中的水作为润湿相主要分布于小的孔喉中或以水膜的形式覆盖在岩石矿物表面，呈现束缚水状态。原油为非润湿相，主要分布于孔隙中间，注入的 CO_2 同为非润湿性，优先与原油发生相互作用，较少的 CO_2 扩散进入地层水中[74]。在油湿岩石中，原油分布在小孔喉和覆盖在岩石矿物表面。地层水为非润湿相，分布在孔隙中间，被注入的 CO_2 溶于地层水中后形成的碳酸难以与岩石矿物充分接触，CO_2-地层水-岩石相互作用较弱。此外，在油层中注入 CO_2 时，岩石孔隙中流体的相态及渗流规律更加复杂。相比于盐水层，由于原油的存在，CO_2-地层水-岩石相互作用在驱油过程中对储层岩石物性的影响规律与向盐水层中注入 CO_2 过程中的规律不同。已进行的 CO_2 驱油实验发现，沥青质沉淀造成的孔喉堵塞和润湿性变化幅度要远高于 CO_2-地层水-岩石相互作用。

2016 年，Yu 等[75]模拟油藏条件(100 ℃、24 MPa)进行了两次含油岩心的 CO_2-EOR 实验。实验结果表明，CO_2 驱替后储层岩石中钾长石、钠长石、方解石和方铁矿的溶解，高岭石和固相(包括 O、Si、Al、Na、C 和 Ti)的沉淀以及溶液浓度的增加，都证明了富含 CO_2 的流体(原油和地层水)仍然是控制低油饱和度砂岩储层中溶解和沉淀过程的活性流体。在矿物表面存在油膜的情况下，矿物的溶解速度会降低。矿物的润湿性、含油饱和度和矿物含量是控制暴露矿物表面积的主要控制因素。钾长石的溶解速率受含油饱和度的强烈影响，因为钾长石比方解石更疏水。实验过程中使用的油为煤油，注入 CO_2 后未观察到油成分的明显变化。组合岩心的渗透率大大降低，而孔隙度增加。渗透性的下降是由于新矿物（高岭石和固相颗粒）的沉淀以及由于矿物（钾长石和碳酸盐水泥）溶解而释放的相对不溶性矿物颗粒的堵塞造成的，孔隙度的增加是由于矿物溶解造成的。

2017年，Wang等[76]在储层条件（25 MPa、98 ℃）下，在长岩心连续注入CO_2之后，随后进行了混相CO_2-WAG驱油实验，研究了对原油采收率和渗透率的影响。连续注入CO_2后，随后进行的CO_2-WAG混相驱（段塞比为1∶1，段塞大小为0.05 PV）可以将原油采收率从51.97%提高到73.15%。长岩心的渗透率下降沿流动方向呈波浪状分布，由无机物沉积引起的渗透率下降幅度小于由沥青质沉淀引起的渗透率下降幅度，渗透率降低主要归因于沥青质沉淀，并且主要发生在岩心样品的中部和后部。无机沉积引起渗透率下降的规律与产出水中离子含量的变化相匹配。

1.2.5　CO_2埋存

CO_2的埋存是指将CO_2注入地下构造储层中永久封存。油藏储层和盐水层是比较理想的CO_2埋存地质构造[77]。CO_2在油藏地质构造中的埋存可分为直接向衰竭油藏中注CO_2埋存和通过注CO_2提高油藏原油采收率两种方式。衰竭油藏地质构造完整，封存CO_2安全性高，注入和管理成本低。但是在油藏前期开发过程中近井地层应力变化和孔喉堵塞损害储层渗透率，不利于CO_2的注入和渗流，降低CO_2的埋存效率。将CO_2注入油藏中，在提高原油采收率的同时也实现了碳埋存目标，还能获得更多的原油。但是在注CO_2驱油过程中一部分CO_2会溶解在地下储层流体中，另一部分CO_2随着生产井采出流体回到地面。矿场数据显示，在此过程中埋存在地下的CO_2的量占总注入量的60%左右。盐水层中CO_2埋存是指将高压高密度的超临界CO_2注入地下含水层中，置换岩石孔隙中的地层水或者溶解在地层水中。盐水层中的沉积岩石被地层水饱和，水体体积庞大且分布范围广，盐水层能埋存CO_2的总量大约是油气藏的10倍以上[78]。向盐水层注CO_2驱替地层水过程中，CO_2和地层水在储层中的渗流相对较为简单，CO_2注入难度小。储层渗透率以及非均质性是影响CO_2埋存的重要因素。但是在向盐水层注CO_2过程中CO_2-地层水-岩石相互作用更强，在储层中造成更严重的孔喉堵塞，导致CO_2注入难度增大，降低CO_2埋存效率。

（1）CO_2-EOR过程中的CO_2埋存

注CO_2驱油过程中储层中单位体积的岩石所能储存CO_2的能力是评价油藏是否能成为潜在CO_2封存地点的重要标准，具体指标可以分为CO_2换油率、埋存效率等。而油藏封存能力受储层中岩石和储层流体物性以及CO_2注入方式和注入参数的影响。

2010 年，赵轩等[79]分析了美国典型 CO_2-EOR 实现 CO_2 封存的实例，研究了油藏储层岩石类型、渗透率、储层深度和压力以及注气速率对 CO_2 埋存量的影响。储层渗透率越大，在注 CO_2 提高采收率结束后 CO_2 埋存量越大，对于 CO_2 埋存效率存在一个最佳的注气速度。针对 CO_2-EOR 过程中 CO_2 在油藏中埋存量的计算基本上都是以物质平衡方程为出发点，给出不同的假设条件。一般而言，假设条件是 CO_2 在地下存储体积与油藏中被采出流体的体积近似相等[80]。2008 年，王舒等[81]提出了新的油藏 CO_2 埋存潜力预测方法，并考虑了储层非均质性和地层水对埋存量的影响。研究结果表明，地层水物性、驱替特性和油藏储层物性特征的复杂性对 CO_2 在油藏中有效埋存量影响显著。CO_2 和地层油水的密度差异对 CO_2 的埋存起负面作用，尤其在高渗且均质的油藏中该作用更加明显。而油藏的非均质性可能会增强 CO_2 的埋存效果，因为非均质性会减弱气、液之间的重力分异效果，延缓 CO_2 在储层中上升的速度，增强 CO_2 在侧向的扩散，提高 CO_2 的波及效率，从而提高埋存量。2018 年，梁凯强等[82]对延长油田 87 个适合 CO_2 非混相驱的区块进行了 CO_2 埋存潜力评估，低渗透、低压力是延长油田主力区块普遍特征，因此较难实现一次混相驱油，将延长油田油藏区块分为适合非混相驱和不适合非混相驱两类，并根据 CO_2 埋存潜力评价模型计算了某两个实验区 CO_2 理论埋存量、有效埋存量、利用系数和埋存系数。评价结果表明，延长油田油藏中非混相 CO_2 驱可以最大限度实现 CO_2 埋存。

(2) 盐水层中 CO_2 埋存

一般盐水层的温度和压力条件可以使注入的 CO_2 达到超临界状态，此时 CO_2 的密度大、黏度低、扩散系数高[83]。与注入气态 CO_2 相比，注入超临界 CO_2 能避免 CO_2 过早分离成液态和气态，提高注入的 CO_2 在储层中的埋存效率。此外，超临界 CO_2 的密度大，能充分利用储层岩石的储集空间，封存更大量的 CO_2。由于岩石孔隙中不含油，向含水层注入 CO_2 的过程中 CO_2-地层水-岩石相互作用更强，流体相态及渗流规律也与 CO_2 在油层中的驱油不同，导致盐水层岩石物性变化规律也与 CO_2 驱油后的含油储层岩石物性的变化规律存在差异。

目前，针对向盐水层注入 CO_2 埋存效率以及注入过程中 CO_2-地层水-岩石矿物之间相互作用对岩层物性影响进行了许多研究。2010 年，Alkan 等[84]通过数值模拟方法研究了盐水层中毛细管压力、地层水矿化度和地层温度对 CO_2 注入难度和盐水层埋存 CO_2 能力的影响。研究发现，在一定的 CO_2 注入速度下，较大的毛细管压力需要较高的注入压力，毛细管压力引起的注入压力的增加可以被 CO_2 在地层水中的溶解及其可压缩性所抵消。但是较大的毛细管压力会削弱气水重力分异的效果，使驱替过程中气水渗流更加均质，从而改善了CO_2在地层水中的溶解效率。过高的地层水矿化度会导致注CO_2过程中地层水中盐沉淀量增加，造成孔喉堵塞。较低的地层温度时，CO_2在地层水中的溶解度较高，可以降低注入压力。2015年，Bachu[85]研究了盐水层中注CO_2埋存时CO_2驱替地层水的特征及储层岩石孔喉结构、渗透率及非均质性对CO_2埋存效率的影响。研究结果表明，低渗盐水层中注CO_2结束后埋存CO_2的孔隙空间利用率为53%～76%，CO_2埋存效率为65%～84%。注气结束后束缚水饱和度决定了封存CO_2的有效埋存空间。岩石孔喉结构对驱替过程中盐水和CO_2的分布起决定性作用，同时渗透率和孔喉结构是决定CO_2埋存效率的关键因素，渗透率越高，孔喉结构越均质，CO_2注入和埋存效率越高。此外，注入CO_2的黏度越大，CO_2相对渗透率越大，CO_2有效埋存效率也相应提高。储层非均质性通常会增加开放性含水层中高渗部分的CO_2埋存效率，而降低低渗含水层中CO_2的埋存效率。

1990年，Sayegh等[73]对饱和地层水的砂岩岩心进行了CO_2驱替实验。实验结果表明，驱替过程中岩心渗透率快速下降之后逐渐增大。实验结束后，在岩心样品中观察到碳酸盐矿物、菱铁矿和方解石溶解的现象。岩石中碳酸盐矿物的溶解被认为是造成初期渗透率增大的主要原因，而矿物溶解导致的细粒矿物堵塞了岩石孔喉，导致岩心渗透率缓慢下降。2012年，Yu等[86]在100 ℃、24 MPa条件下通过岩心驱替实验研究了CO_2-盐水-岩石的相互作用对岩心物性变化的影响。实验结果表明，在驱替过程中岩心渗透率有明显下降，而孔隙度基本保持不变。渗透率降低被认为是碳酸盐矿物溶解、次生矿物沉淀以及黏土颗粒堵塞孔喉综合作用的结果。2013年，赵明国等[87]在74.8 ℃、28 MPa条件下，通过CO_2驱替实验对比了驱替前后岩心物性的变化。研究结果表明，经过CO_2溶蚀后岩石的亲水性增强，主要是溶蚀作用使孔隙度整体有所增大，其中大孔隙比例增加，而中等孔隙比例减小。

1.3 目前存在的问题

① 岩石孔喉结构不仅影响CO_2驱油效果和残余油的分布，也控制着沥青质颗粒的迁移和吸附，不同的孔喉结构对沥青质沉淀引起的孔喉堵塞和润湿性变化具有不同的敏感性。然而少有研究关注CO_2驱油过程中岩石孔喉结构本身对由沥青质沉淀造成的孔喉结构损害的影响。已有的研究通过测试驱替后岩心中再次饱和的油和水的分布，定性分析了堵塞孔喉的分布，但是润湿性变化的

影响却被忽略了。以往针对孔喉结构的研究中缺乏对孔喉结构的定量表征，无法定量描述孔喉结构对 CO_2 驱油效果及储层伤害的影响。分形理论是研究岩石孔喉结构的有效方法，能表征岩石孔喉结构的复杂性和不规则性，通过分形维数可以定量评价岩石孔喉结构的复杂性和不规则性[34]。

② CO_2-SAG 驱作为一种改进的 CO_2-EOR 方法，结合了连续 CO_2 驱与 CO_2 吞吐的优势，具有更好的驱油效果。CO_2 浸泡期间体系压力衰减的速度代表 CO_2 向储层剩余流体中溶解的速度，体系压力衰减分为快速衰减阶段和平缓阶段，建立一套评价标准在保障驱油效果的同时尽快结束浸泡阶段，对现场提高效率、降低成本具有重要意义。但是目前针对 CO_2-SAG 驱油效果的影响因素研究不足，尤其是孔喉结构特征对 CO_2 浸泡期间体系压力衰减的影响，以及 CO_2-SAG 驱的不同特征储层中的适用问题都需进一步研究。

③ 针对层内和层间非均质性较强的储层，CO_2 驱替方式对剩余油分布和储层伤害的影响研究较少，尤其是沥青质沉淀吸附、堵塞机制和 CO_2-地层水-岩石相互作用对岩石孔隙结构破坏的协同效应以及差异大多被忽略。此外，由于注 CO_2 过程中 CO_2-地层水-岩石相互作用引起的岩石孔隙结构不可逆变化，岩心不能在对比实验中重复使用，对比实验对实验材料一致初始物性的要求较难满足。

④ 针对不同 CO_2 驱油方式的驱油效果的差异研究较为充分，但是大多忽略了对在不同特征储层中采用不同 CO_2-EOR 措施时 CO_2 的利用效率和埋存效果的评价，这对产出油及储层剩余流体中的沥青质含量有重要影响，通过产出油中的剩余油一定程度能预测驱替过程中储层中孔喉堵塞和润湿性变化的程度。

1.4 本书研究思路

本书针对不同物性特征储层中不同 CO_2 驱油方法的 CO_2 驱油、CO_2 埋存效果以及驱替过程中所产生的沥青质、无机沉淀对储层物性的损害等相关问题，针对低渗油藏储层特征，设计并进行了一系列岩心驱替实验，实验结果为现场油田选择合理注 CO_2 方式提供理论和数据支持。首先结合室内 PVT 实验和数值模拟软件，研究地层原油、地层水以及超临界 CO_2 等储层流体在高温高压条件下物性参数及流体之间相互作用，并测试了 CO_2-原油系统的 MMP 值及原油中沥青质沉淀与 CO_2 浓度之间的关系曲线。在地层温度压力条件下对不同物性特征及尺度的岩心及岩心组成的非均质单层、多层系统进行了 CO_2 混相与非混相、CO_2-WAG、CO_2-SAG 驱油实验，分析评估宏观和微观非均质性、孔喉结构对不同驱油方式驱油和埋存效果的影响，同时评估沥青质沉淀和CO_2-地层水-岩石相互作用造成储层物性变化（孔喉堵塞和润湿性）在不同物性储层岩石中的分布，区分沥青沉淀堵塞及吸附机制对岩石渗透率的影响。最后通过向饱和地层水岩石中注入CO_2实验研究CO_2在盐水层中的埋存效果以及不同CO_2注入方式对高含水岩心在注CO_2过程中物性变化的影响。

1.5 主要研究内容

本书以复杂低渗的砂岩储层中以不同方法进行CO_2驱油过程中油气产量、储层伤害以及CO_2在含油层和盐水层的埋存等问题为背景，主要研究储层物性特征、CO_2注入方式对CO_2驱油效果、由有机和无机沉淀引发的储层伤害以及CO_2埋存的影响。具体的研究内容如下：

（1）储层岩石及流体物性参数

① 储层岩石物性测定。

② 储层流体高温高压物性参数测定。

③ CO_2与储层中流体之间的相互作用。

（2）低渗储层注CO_2驱油特征

① 强非均质多层储层中持续CO_2及CO_2-WAG驱油特征。

② 不同孔喉结构储层岩石中CO_2混相与非混相驱油特征。

③ 不同孔喉结构储层岩石中CO_2-SAG混相驱油特征。

④ 一维非均质储层岩石中CO_2-SAG混相驱油特征。

⑤ 非均质多层储层岩石中CO_2-SAG混相驱油特征。

（3）低渗储层注CO_2驱油后储层物性变化

① 强非均质多层储层中CO_2及CO_2-WAG驱油后储层物性变化。

② 岩石孔喉结构对CO_2驱油后储层物性变化的影响。

③ 岩石孔喉结构对CO_2-SAG驱油后储层物性变化的影响。

④ 一维非均质储层岩石中CO_2-SAG驱油后储层物性变化。

⑤ 非均质多层储层岩石中CO_2-SAG驱油后储层物性变化。

（4）CO_2驱油过程中CO_2埋存及盐水层注CO_2埋存

① CO_2驱油过程中CO_2埋存效果评价。

② 盐水层注CO_2埋存效果评价。

③ 盐水层注CO_2埋存过程中储层物性变化。

第 2 章 储层岩石及流体物性参数

在注 CO_2 驱油过程中，储层岩石、流体以及注入 CO_2 的物性都是影响 CO_2 驱油效果及 CO_2 埋存效率的关键因素。如 CO_2 驱油过程中流体的分布受到储层宏观、微观非均质性和岩石孔喉结构的控制。CO_2 在原油和地层水中的溶解会改变原油和地层水的组成及物性参数，同时导致原油中沥青质及地层水中金属矿物离子以固体的形式析出，改变储层岩石微观孔喉结构。本章主要评估了储层岩石孔喉结构和非均质性特征，测试了地层条件下地层流体和超临界 CO_2 的物性参数以及原油和地层水中溶解 CO_2 后物性变化规律。

2.1 储层岩石物性

2.1.1 储层概况

研究目标区域是典型的低渗透、超低渗透储层，位于鄂尔多斯盆地，区域构造位于陕北斜坡构造带的上三叠统延长组。温度及压力范围分别为 60～85 ℃、12～20 MPa。目标储层深度 2 100～2 300 m，平均温度及压力为 70 ℃、18 MPa。通过测井数据、岩心观察、铸体薄片、NMR、SEM、压汞测试和 X 射线衍射(XRD)分析表明，目标区块主要含油储层物性总体较差，属于超低渗、低孔隙度砂岩储层。渗透率主要分布在$(0.1～10)\times10^{-3}$ μm^2，孔隙度主要分布在 5%～13%。平均孔喉半径为 0.136 5 μm，孔喉半径中值为 0.309 1 μm，分选系数为 1.793 1，最大进汞饱和度为 86.9%，退采效率为 44.3%，排驱压力为 0.236 1 MPa。储层层间非均质性较强(变异系数为 0.5～1.84)，岩心所含主要矿物为石英、长石、岩屑、碳酸盐矿物、黏土矿物。黏土矿物主要包括蒙脱石、伊利石、绿泥石以及少量高岭石。

2.1.2　岩心物性评价方法

本书实验中使用的岩心及其基本物性参数见表 2-1，其中孔隙度和渗透率测试不确定度小于 4%。本书中对实验进行的测试主要包括 NMR 测试、SEM 测试、XRD 测试、CRMI 测试和润湿性测试。驱替实验前对岩心的具体处理及分析结果见第 3 章。

表 2-1　本书所用岩心基本物性参数

驱替方式	岩心编号	长度/cm	直径/cm	渗透率/mD	孔隙度/%
CO_2-WAG 驱	Y1-1	3.15	2.523	0.582	10.6
	Y2-1	3.10	2.525	6.78	16.7
	Y3-1	3.13	2.522	63.6	19.9
CO_2 驱	Y1-2	3.12	2.523	0.593	10.7
	Y2-2	3.13	2.525	6.92	16.9
	Y3-2	3.14	2.522	64.1	19.9
CO_2 及 CO_2-SAG 驱	H1	5.11	2.54	0.713	14.6
	H2	5.07	2.54	0.742	14.1
	H3	5.09	2.53	0.769	13.6
	H4	5.02	2.54	0.734	11.9
地层水驱 CO_2-WAG 及 CO_2 驱	HU24-1	2.13	2.52	0.477	10.5
	HU24-2	2.19	2.51	0.452	9.91
	HU24-3	2.17	2.52	0.449	9.96
CO_2 及 CO_2-SAG 驱	S1	6.49	2.52	4.35	18.2
	S2	6.37	2.52	4.31	18.1
	S3	6.37	2.53	3.75	16.5
	S4	6.25	2.52	3.49	18.1
	S5	6.51	2.52	3.19	17.0
	S6	6.37	2.52	2.87	16.2
	S7	6.66	2.52	2.63	15.9
	S8	6.43	2.53	2.35	15.2
	S9	6.43	2.53	1.95	16.5
	S10	6.05	2.52	1.79	15.5
	S11	6.12	2.51	1.77	15.8
	S12	6.45	2.52	1.66	14.6

表 2-1(续)

驱替方式	岩心编号	长度/cm	直径/cm	渗透率/mD	孔隙度/%
CO_2 驱	L1	50.2	2.52	25.7	14.4
	L2	50.4	2.52	51.8	16.7
	L3	50.1	2.52	75.7	19.2
CO_2-SAG 驱	J1	50.3	2.52	26.3	14.1
	J2	50.1	2.53	50.1	17.1
	J3	49.8	2.52	76.2	18.8

(1) 岩心孔隙半径分布测试

通过核磁共振(NMR,SPEC-023-B 核磁共振高温高压渗流实验分析仪)技术测试岩石孔隙半径分布。测试前将所有岩心在真空下用普通盐水完全饱和 24 h之后进行核磁共振扫描,记录岩心孔隙盐水中氢核的横向弛豫时间(T_2)和信号幅度以获得 T_2 谱曲线。由于 T_2 值和相应的信号幅度代表了氢核所在的孔隙空间的大小和数量,因此 T_2 谱可以代表岩心孔喉分布[88]。本书中部分 NMR 测试是将含有岩心的岩心夹持器一起置于装置中进行测量,使岩心以及其中的流体保持压力。对于每个岩心的 NMR 测试均重复 3 次,以确认测量结果的可靠性。一般将 T_2 值为 0.1~1 ms 的孔隙定义为微孔,1~10 ms 的孔隙定义为小孔,10~100 ms 的孔隙定义为中等孔,100~1 000 ms 的孔隙定义为大孔。

(2) 岩石孔隙微观形态、矿物种类及含量测试

对岩心样品取样利用扫描电镜(SEM,SU8010 冷场发射扫描电镜)观察新鲜面上孔隙的微观形态,并通过 X 射线衍射(XRD,D8 Focus X 射线衍射仪)分析所取岩心碎片所含矿物种类及其含量。

(3) 岩石润湿性测试

实验中 Amott-Harvey 润湿性指数用于评估岩心的总体平均润湿性。值得注意的是,每次进行润湿性测试前,都要将岩心在盐水中老化 24 h 后进行,使岩石在实验前具有相近的润湿性,消除不同岩心之间初始润湿性差异对实验结果产生的影响,同时消除饱和油和 CO_2 驱油过程对岩心润湿性的影响,而只保留吸附在孔隙表面的沥青质沉淀对岩石润湿性的影响。具体测试步骤如下:

将干燥的岩心抽真空并饱和原油。然后将岩心浸入充满盐水的标准吸收池中至少 48 h,在此期间记录岩心通过自发吸收盐水而置换出的原油的体积(V_{si},mL)。随后,将岩心在盐水中以-25 psi(1 psi=6 894.757 Pa)的毛细管压力离

心。记录通过离心作用岩心中强制吸入盐水而排出的原油体积(V_{fi},mL)。水指数的计算如下:

$$\delta_w = \frac{V_{si}}{(V_{si} - V_{fi})} \tag{2-1}$$

油指数通过相似的步骤测试并计算:

$$\delta_o = \frac{V_{sd}}{(V_{sd} - V_{fd})} \tag{2-2}$$

式中,V_{sd}是岩心通过自发吸收原油而置换出的盐水体积(mL);V_{fd}是通过在 100 psi 的毛细管压力下离心而强制吸入原油排出盐水的体积(mL)。Amott-Harvey 指数的计算如下:

$$\delta_{AH} = \delta_w - \delta_o \tag{2-3}$$

该方法测得的 δ_{AH}值分布在−1 到 1 之间,指数越接近 1 表明岩石平均水湿性越强,指数越接近−1 表明岩石平均油湿性越强[89]。

(4) 恒速压汞测试

通过恒速压汞(APSE-730 压汞仪)测试岩石样品的压汞曲线(MICP)。汞注入速度以 0.000 05 mL/min 的准静态恒定速度进行,最大注射压力为 6.2 MPa,对应的孔隙半径约为 0.12 μm。MICP 的总曲线可以分为两条,分别代表孔隙体毛细管压力曲线和喉道毛细管压力曲线,分别描述孔隙体和喉道的尺寸分布,且可以获得岩石孔喉比。

(5) 岩心孔喉结构非均质性定量表征

基于恒速压汞得到的岩心进汞特征曲线,通过分形理论对储层岩石孔喉结构进行定量表征[90],评价过程如下:

毛细管压力通常为:

$$p_c = \frac{2\sigma\cos\theta}{r} \tag{2-4}$$

式中　p_c——毛细管压力,MPa;

σ——界面张力,N/m;

θ——接触角,(°);

r——孔隙半径,μm。

毛细管压力和润湿相(汞为非润湿相)饱和度之间的关系可以写成:

$$\log S = (D-3)\log p_c + (3-D)\log p_{min} \tag{2-5}$$

式中　S——毛细管压力对应的润湿相的饱和度,%;

D——分形维数;

p_{min}——最大的孔喉对应的毛细管压力,MPa。

毛细管压力的对数与润湿相饱和度的对数之间存在线性关系,可以通过对毛细管压力曲线的线性回归分析获得表征岩石孔喉结构的分形维数 D。根据分形理论，三维欧氏空间中的分形维数在 2 到 3 之间。上限值 3 表示完全不规则或粗糙的表面，而下限值 2 表示完全光滑的孔隙表面和规则的孔隙形状。分形维数 D 值的大小代表了岩石的非均质性，分形维数 D 随着孔喉结构复杂性的增加而不断增加。换言之，分形维数越大，孔喉结构的非均质性越强[90]。

2.2 地层流体物性参数

2.2.1 地层原油物性参数测试

本节通过高温高压 PVT 仪测试了地层条件下地层原油黏度、密度、膨胀系数及饱和压力等物性参数。原油样品取自目标区块，通过高温气相色谱仪测试原油样品的组分。表 2-2 和表 2-3 所列分别为地面脱气原油和溶解气的组成，实验所用原油为实验室配制的活油，其基本物性见表 2-4。

表 2-2 地面脱气原油的组成(不溶性沥青质含量 1.32%)

组分	质量分数/%	组分	质量分数/%	组分	质量分数/%
CO_2	0.00	C_9	6.76	C_{21}	1.88
N_2	0.00	C_{10}	5.97	C_{22}	2.01
C_1	0.00	C_{11}	5.09	C_{23}	1.75
C_2	0.00	C_{12}	4.41	C_{24}	1.82
C_3	0.00	C_{13}	4.48	C_{25}	1.66
iC_4	0.00	C_{14}	4.66	C_{26}	1.63
nC_4	0.00	C_{15}	4.06	C_{27}	1.65
iC_5	1.11	C_{16}	3.54	C_{28}	1.55
nC_5	0.22	C_{17}	3.22	C_{29}	1.47
C_6	4.88	C_{18}	3.07	C_{30+}	16.52
C_7	5.58	C_{19}	2.49	合计	100
C_8	6.13	C_{20}	2.39		

表 2-3　原油溶解气组成

组分	质量分数/%	组分	质量分数/%	组分	质量分数/%
CO_2	2.16	C_9	0.00	C_{21}	0.00
N_2	8.38	C_{10}	0.00	C_{22}	0.00
C_1	40.54	C_{11}	0.00	C_{23}	0.00
C_2	16.22	C_{12}	0.00	C_{24}	0.00
C_3	13.24	C_{13}	0.00	C_{25}	0.00
iC_4	6.76	C_{14}	0.00	C_{26}	0.00
nC_4	12.70	C_{15}	0.00	C_{27}	0.00
iC_5	0.00	C_{16}	0.00	C_{28}	0.00
nC_5	0.00	C_{17}	0.00	C_{29}	0.00
C_6	0.00	C_{18}	0.00	C_{30+}	0.00
C_7	0.00	C_{19}	0.00	合计	100
C_8	0.00	C_{20}	0.00		

表 2-4　实验所配制饱和活油的基本物性

项目	活油
密度/(g/cm^3)	0.725 7(70 ℃)
黏度/cP	3.88(70 ℃)
溶解气油比/(m^3/m^3)	31.4
泡点压力/ MPa	7.52

(1) 实验设备

本节实验设备为高温高压可视 PVT 仪(RUSKA-270),如图 2-1 所示。

(2) 实验步骤

① 原油饱和压力测试。

将 PVT 仪温度设置为地层温度 70 ℃,根据原油溶解气油比,将脱气原油和溶解气泵入 PVT 仪中并加压至地层压力 18 MPa,静置 12 h 使其达到平衡状态,当原油体系为单相体系时,完成饱和活油的配制。通过泵逐渐降低饱和活油的压力,原油中出现第一个气泡时的压力即为地层原油的饱和压力。

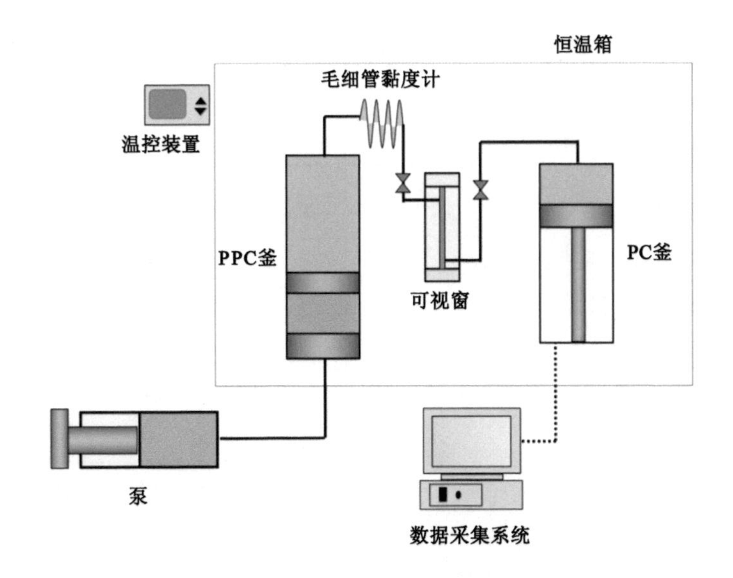

图 2-1　高温高压可视 PVT 仪示意图

② 原油黏度压力关系曲线测试。

利用毛细管黏度计测试 70 ℃时饱和活油黏度随体系压力的变化规律。

③ 原油恒质膨胀测试。

在 70 ℃条件下，通过 PVT 仪以 18 MPa 为起点压力，逐级降低饱和活油体系压力至饱和压力，每级降压幅度 1 MPa。继续逐级降低体系压力使原油体系体积膨胀，通过泵控制每级原油体系膨胀体积在 5～20 mL 之间，当原油体系的体积为初始体积的 3 倍以上时停止测试。

④ 原油多级脱气实验。

在 70 ℃条件下，通过 PVT 仪以 18 MPa 为起点压力，降低饱和活油体系压力至第一级脱气压力，记录原油体系体积，打开阀门，排出所有从原油体系中析出的气体。重复此步骤完成饱和活油体系 5 级降压脱气测试。

(3) 测试结果

① 原油饱和压力。

实验测得配制的活油样品饱和压力为 7.52 MPa。原油相对体积为不同压力状态下原油体系的体积(V_i)与饱和压力下原油体积(V_b)的比值(图 2-2)。在高于原油饱和压力时，原油相对体积随着压力的下降而缓慢增加，此时原油体系为单一相态，原油相对体积的增加主要由压力降低导致的原油体积膨胀引起。

在低于原油饱和压力时，随着原油体系压力的下降溶解气逐渐从原油中析出，导致原油体系相对体积快速增加。

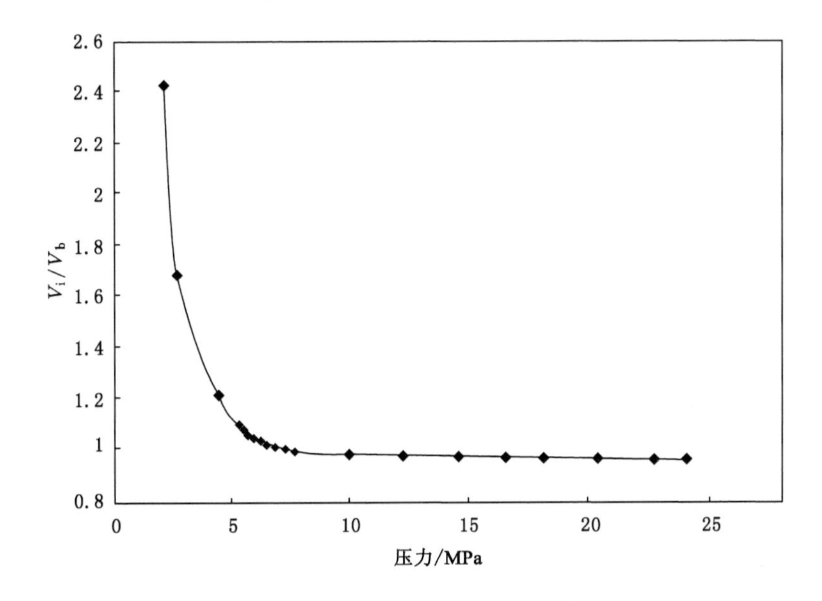

图 2-2　地层原油相对体积与压力之间的关系曲线

② 原油黏压曲线。

图 2-3 所示为在 70 ℃条件下原油黏度随压力的变化规律。在高于饱和压力时，原油的黏度随着体系压力的下降逐渐变小。这是由于微观层面原油液体分子之间的内摩擦力和剪切应力随着压力的下降逐渐减小，在宏观层面表现出原油黏度的下降。原油体系压力继续下降，在低于饱和压力时，原油的黏度随着体系压力的降低逐渐增加。这是由于原油体系压力的下降导致部分轻质组分以溶解气的形式从原油中分离，重质组分含量的增大使原油黏度不断增大。

综上所述，在饱和压力附近地层原油黏度最小（2.9 mPa・s），在地层条件（温度 70 ℃、压力 18 MPa）下地层原油黏度为 0.38 mPa・s。

③ 地层原油密度。

图 2-4 所示为在 70 ℃条件下原油密度随压力的变化规律。在高于饱和压力时，随体系压力的下降地层原油密度缓慢下降，呈现出良好的线性关系。在此过程中原油体积膨胀作用相对较小，对应较小的原油密度变化幅度。此时小幅度的压力变化对原油密度的影响可以被忽略。当压力继续下降，溶解气的析出导致原油液体质量发生变化，原油密度难以准确计算。在地层条件（温度 70℃、压力 18 MPa）下地层原油密度为 0.725 g/mL。

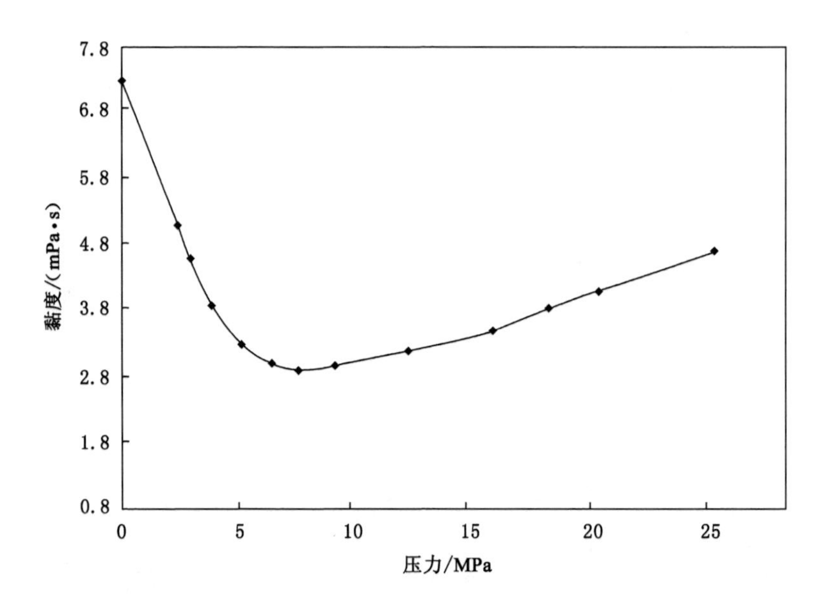

图 2-3 地层原油黏度变化与体系压力之间关系曲线(70 ℃)

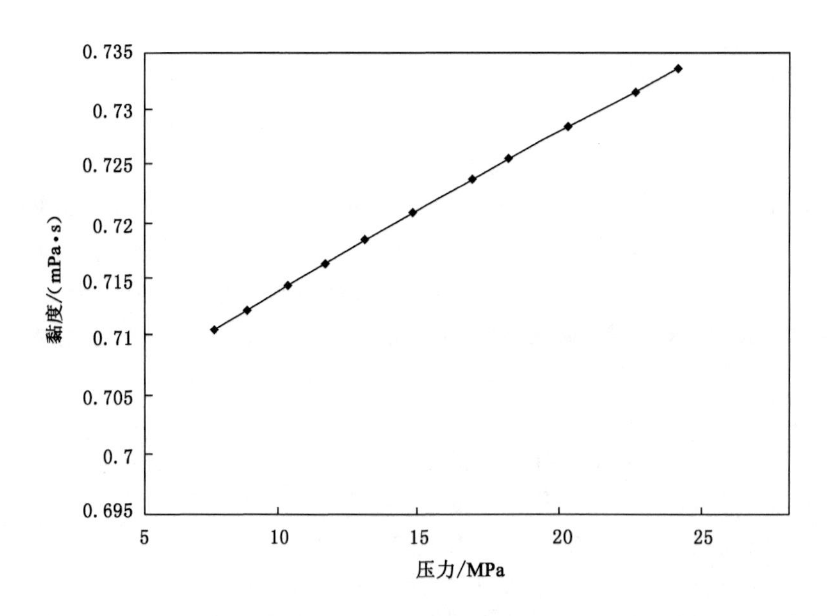

图 2-4 地层原油密度与压力之间的关系

④ 地层原油多次脱气测试。

在低于饱和压力时，对原油体系进行多级脱气得到的原油在不同压力下的气油比、体积系数、密度等原油物性参数见表 2-5。其中，气体体积为 20 ℃大气压条件下的体积。

表 2-5　地层原油多次脱气实验数据

压力/MPa	气油比/(m^3/m^3)	体积系数	密度/(g/mL)
7.52	31.4	1.198 6	0.725
5.5	23.3	1.168 3	0.738
2	9.8	1.112	0.753
0	0	1.061	0.776

2.2.2　地层水物性参数

地层水样品同样取自目标区块，平均总矿化度为 29 520 mg/L，水型为氯化钙型，pH 值为 7 左右。储层地层水基本物性参数见表 2-6。

表 2-6　储层地层水基本物性参数

项目	盐水
密度/(g/cm^3)	1.01
黏度/cP(25 ℃)	1.03
pH 值	7.04
K^+/(mg/L)	296
Na^+/(mg/L)	3 494
Ca^{2+}/(mg/L)	7 134
Mg^{2+}/(mg/L)	48.2
Cl^-/(mg/L)	18 433
SO_4^{2-}/(mg/L)	114
总矿化度/(mg/L)	29 520

采用高温高压 PVT 仪研究地层温度条件下储层地层水的密度、黏度随压力的变化规律，如图 2-5、图 2-6 所示。

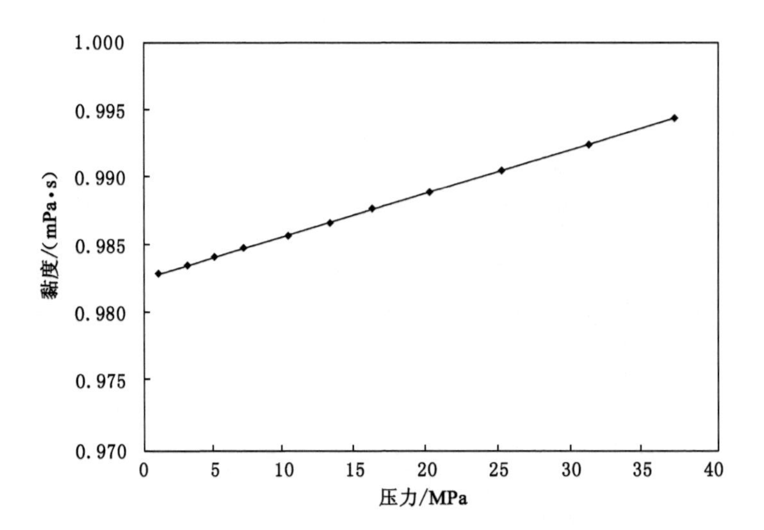

图 2-5 地层水密度与压力之间的变化曲线

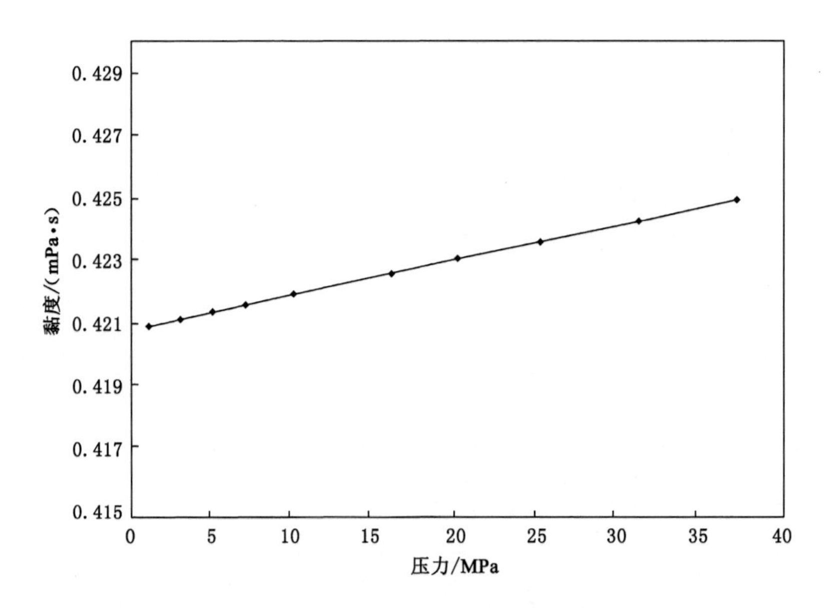

图 2-6 地层水黏度与压力之间的变化曲线

由图2-5可以看出，地层水的密度随体系压力的增加而缓慢增加，并呈线性关系，由于地层水可压缩性很弱，因此体积随体系压力的变化较小。

由图2-6可以看出，在一定温度条件下，相比于地层水密度，地层水黏度基本不受体系压力变化的影响。在地层条件(温度70 ℃、压力18 MPa)下，储层地层水的黏度和密度分别为0.419 mPa·s和0.992 g/cm^3。

2.2.3　超临界CO_2物性参数

常温常压下CO_2是一种无色无味的气体，其密度略大于空气，能溶于水，呈弱酸性。在高于临界点温度(31 ℃)和压力(7.3 MPa)时，CO_2呈现超临界状态，此时CO_2在密度上表现出液体的性质，黏度上表现出气体的性质，扩散系数高于液体、低于气体，具有较好的传导性和流动能力。不同状态下的CO_2物理特性的对比见表2-7。超临界状态CO_2具有较强的溶解能力，流体界面张力很低，CO_2与原油接触更容易达到混相状态，且更容易进入小尺寸孔隙中，能有效改善原油的性质和流动性[91]。上述性质使超临界CO_2在驱油过程中既能增加波及系数，又能有效降低剩余油黏度，提高CO_2驱油效率。

表2-7　不同状态下的CO_2物理特性的对比

物理性质	密度/(kg/m^3)	黏度/(mPa·s)	扩散系数/(m^2/s)
气体	0.6～2	10^{-2}	(0.1～0.4)×10^{-2}
超临界流体	(0.2～0.6)×10^3	0.03～0.1	0.7×10^{-2}
液体(常温常压)	(0.4～1)×10^{-2}	0.2～3.0	(0.1～0.5)×10^{-7}

(1) 超临界CO_2流体的密度

地层温度压力条件下CO_2密度对其在储层中的分布有重要影响，进而影响注入CO_2的波及体积及剩余油的分布，对地层温度条件下的CO_2密度随注入压力的变化规律研究很有必要。图2-7所示为PVTSIM20软件计算得出70 ℃时CO_2密度随体系压力的变化规律，此时CO_2处于超临界状态。CO_2的密度随着体系压力的增加逐渐增加。在地层条件(温度70 ℃、压力18 MPa)下，超临界CO_2的密度为0.549 1 g/cm^3。

(2) 超临界CO_2流体的黏度

在CO_2驱油过程中油气的流度比对CO_2突破时间以及CO_2突破后的含气采收率起决定性作用，提高注入的CO_2黏度能有效延缓CO_2突破。此外，CO_2黏度是计算含气率和油气相渗曲线的重要参数，因此地层温度条件下CO_2黏度随压力的变化规律是研究CO_2驱油过程中气窜规律、计算含气率和油气相渗曲

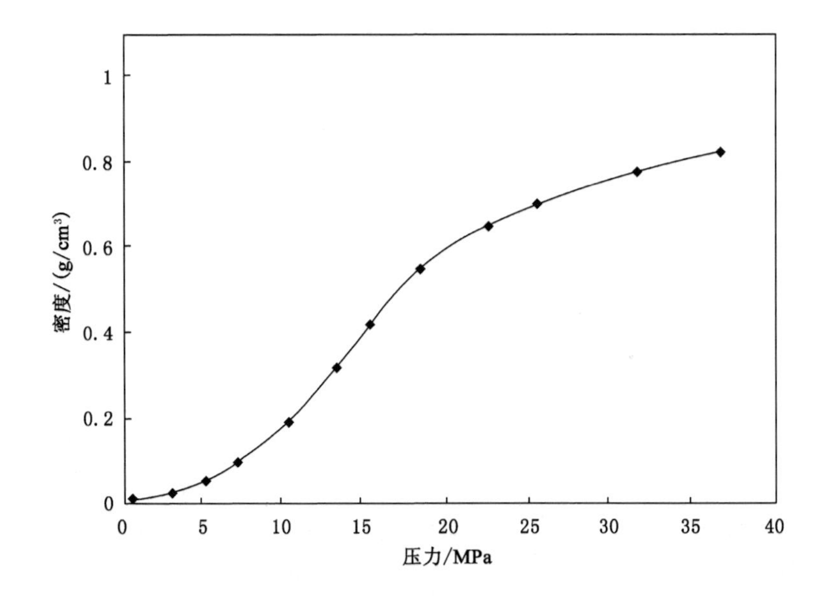

图 2-7　超临界 CO_2 密度与压力的关系曲线

线的基础。图 2-8 所示为 PVTSIM20 软件计算得出 70 ℃时 CO_2 黏度随体系压力的变化规律。图中显示 CO_2 的黏度随着体系压力的增加也逐渐增加。在地层条件(温度 70 ℃、压力 18 MPa)下,超临界 CO_2 黏度为 0.045 3 mPa·s。

(3) 超临界 CO_2 流体的压缩因子

图 2-9 所示为 PVTSIM20 软件计算得出 70 ℃时 CO_2 压缩因子与压力的关系曲线。在恒定温度下,CO_2 的压缩因子随压力的增加先减小后变大。在地层条件(温度 70℃、压力 18 MPa)下,超临界 CO_2 的压缩因子为 0.507。

(4) CO_2 在地层流体中的溶解度

CO_2 驱油过程中,注入的 CO_2 溶解于地层原油中改变原油的组成,引发原油中的沥青质沉积。在地层条件下,原油中 CO_2 的浓度是决定沥青质沉淀量的关键因素。此外,注入的 CO_2 溶解于地层水产生氢根离子和碳酸根离子。储层流体中部分阳离子与碳酸根离子结合会导致碳酸盐沉淀。沥青质沉淀和碳酸盐沉淀会堵塞储层孔隙和喉道,导致储层渗透率和孔隙度一定程度的下降[75]。此外,CO_2 溶解于地层水产生的氢根离子将溶蚀储层岩石中的矿物质,改变储层岩石物性特征。不同温度压力条件下,CO_2 在原油和地层水中的溶解度是沥青质沉淀、碳酸盐沉淀及岩石矿物溶蚀的关键影响因素。

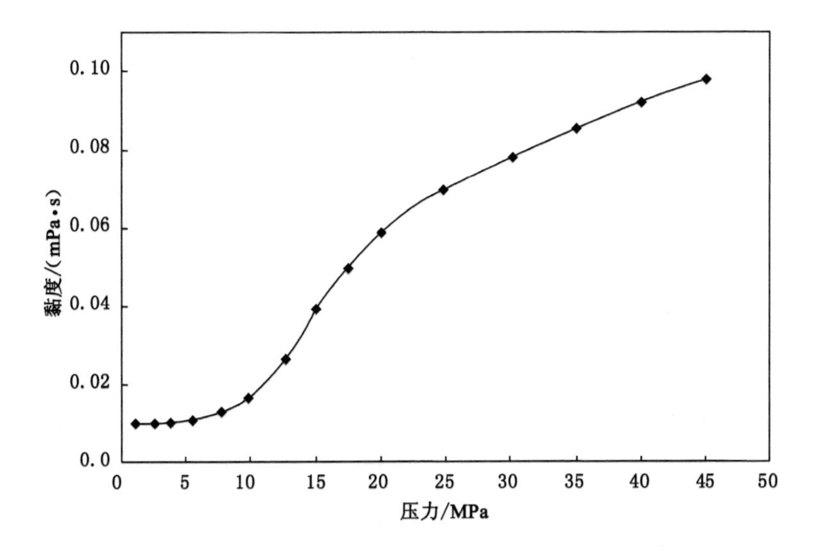

图 2-8　地层水黏度与压力之间的变化曲线

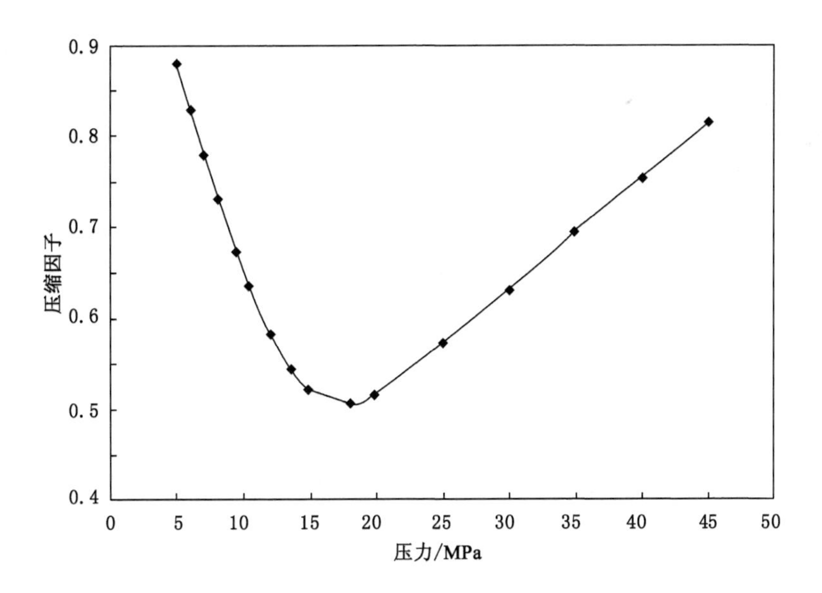

图 2-9　CO_2 压缩因子与压力的关系曲线(70 ℃)

图 2-10 所示为测试 CO_2 在原油和地层水中溶解度的实验流程图，实验仪器主要为高温高压 PVT 仪。

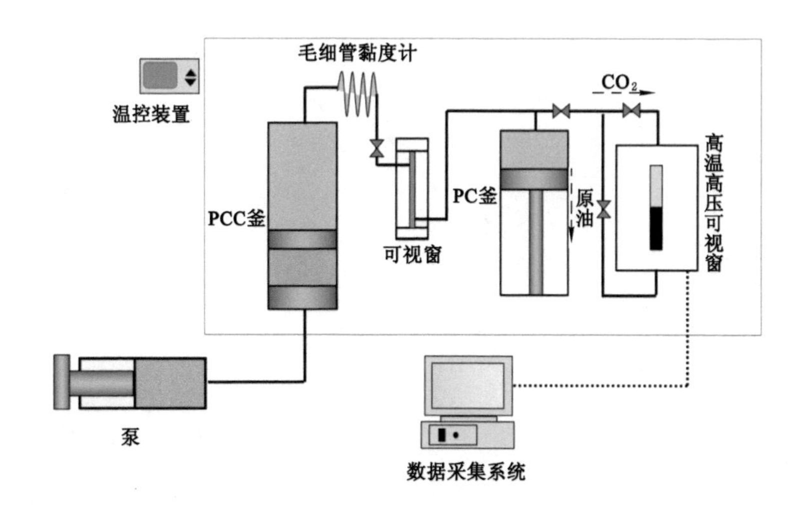

图 2-10　高温高压 CO_2 溶解度测试流程图

由图 2-11 可以看出，70 ℃条件下 CO_2 在原油中的溶解度首先随着压力的增加快速增加，之后增加趋势变缓。在地层条件(温度 70 ℃、压力 18 MPa)下，CO_2 在地层原油中的溶解度为 5.15 mol/L。

由图 2-12 可以看出，70 ℃条件下 CO_2 在地层水中溶解度随着压力的增加而增加，增加趋势越来越平缓。CO_2 在地层水中的溶解度受矿化度影响较小，与 CO_2 在纯水中溶解度的变化规律基本一致。在地层条件(温度 70 ℃、压力 18 MPa)下，CO_2 在地层水中的溶解度为 1.13 mol/L。

在 CO_2 驱油过程中，CO_2 在储层流体中的溶解度以及 CO_2 与流体的接触面积及相互作用程度是决定储层流体产生沥青质沉淀及无机沉淀量多少的关键因素。现场资料显示，H 区块储层偏水湿，原油主要占据储层大孔隙中央，地层水主要分布在小孔隙或以水膜形态覆盖在岩石矿物表面。CO_2 作为非润湿相，CO_2 驱油过程中注入的 CO_2 优先进入大孔隙与其中的原油接触，驱替或溶解在原油中，而 CO_2 难以进入小孔隙或与水膜接触[92]。此外，原油中大部分组分和 CO_2 同为非极性分子，原油溶解 CO_2 的能力远高于地层水。因此，在水湿储层中原油中沥青质沉淀的趋势大于地层水中无机沉淀。

(5) CO_2 溶解膨胀研究

CO_2 溶于地层原油会导致原油密度、黏度以及饱和压力等物性发生变化，

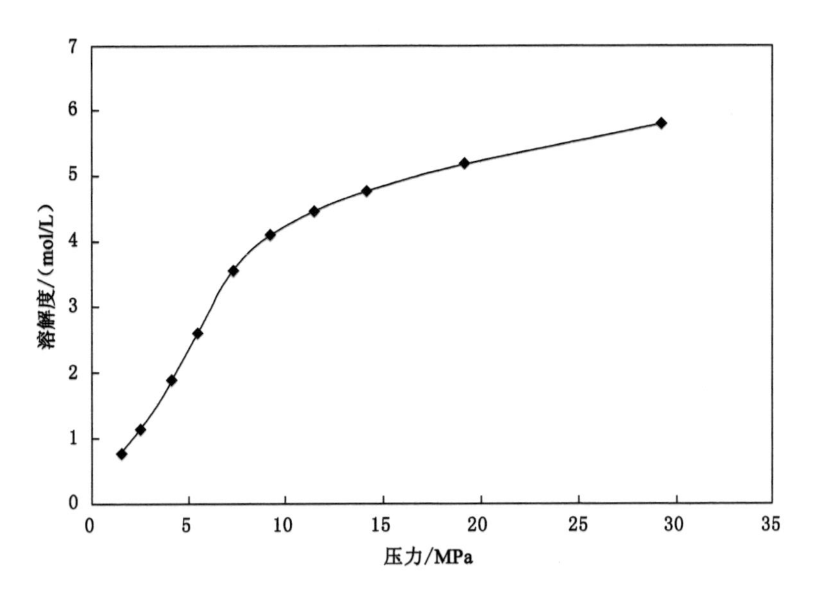

图 2-11　CO_2 在原油中的溶解度

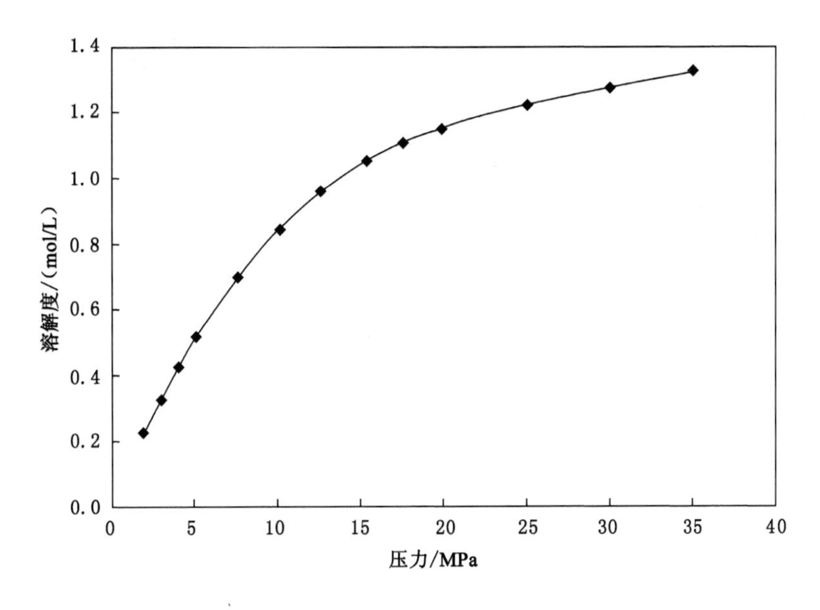

图 2-12　CO_2 在地层水中的溶解度

最终影响 CO_2 驱油效率。高温高压 PVT 仪测得的原油中溶解不同 CO_2 的浓度时对应的原油饱和压力、黏度和原油溶解气油比见表 2-8。原油黏度随 CO_2 含量的增加而降低，当原油中 CO_2 达到 30 mol%时原油的流动性是初始状态原油的 1.6 倍。此外，CO_2 在原油中的溶解将导致原油的饱和压力增加，在 CO_2 驱油过程中原油更容易脱气。这两个因素都能有效提高 CO_2 驱油效率[58]。

表 2-8 原油中不同 CO_2 浓度下原油饱和压力、黏度和溶解气油比

CO_2 浓度/mol%	饱和压力/MPa	黏度/(mPa·s)	溶解气油比/(m^3/m^3)
0	7.52	3.546	34.1
30	11.18	2.196	169.1
60	18.23	1.674	230.5
70	25.47	1.548	257

图 2-13 所示为不同的 CO_2 溶解量条件下地层原油的相对体积系数随压力的变化规律。在相同 CO_2 浓度时，相对体积系数随着压力的减小缓慢增加，当压力低于饱和压力时，由于溶解气的析出，原油相对体积系数迅速增大。

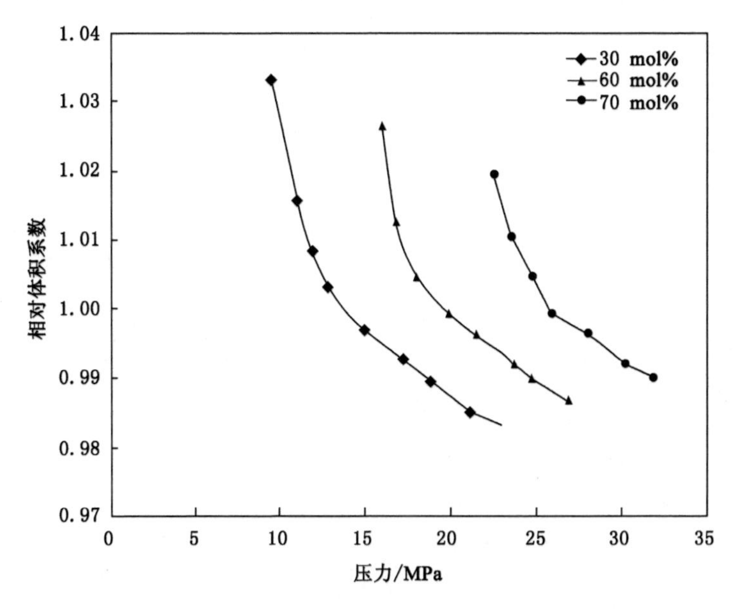

图 2-13 不同的 CO_2 溶解量条件下地层原油的相对体积系数随压力的变化关系曲线

2.3　沥青质沉淀测试

原油中沥青质沉淀是由于沥青质在原油中溶解度下降导致的。原油中的轻质组分和沥青质组分的比例决定了沥青质在原油中的溶解度。CO_2 驱油过程中由于 CO_2 大量溶于原油增加了轻质组分的比例，使沥青质在原油中的溶解度下降，进而从原油中沉淀析出[93]。理论上来说，原油沥青质沉淀的量和沉淀速率由原油中 CO_2 的浓度决定，而沥青质沉淀对储层物性伤害程度与沥青质沉淀的规模密切相关，原油中 CO_2 浓度与沥青质沉淀量之间的关系预测显得尤为重要[94]。本节采用 PVT 实验测试地层条件下原油中 CO_2 浓度与沥青质沉淀量，为分析 CO_2 驱油过程中地层原油中沥青质沉淀问题奠定基础。通过使用标准 ASTM D2007-03 方法测得初始原油中 nC_5 不溶性沥青质的含量为 1.32%[95]（质量分数，下同）。

2.3.1　实验步骤

调节压力至 70 ℃，将饱和活油转入 PVT 筒中，调节压力至 18 MPa，保持 24 h。根据 PC 釜中活油体积计算配制不同 CO_2 浓度原油所需 CO_2 的体积，将 CO_2 缓慢转入 PVT 筒中，搅拌 5～8 h 后静置 48 h，取出上部油样，测得所取油样中沥青质含量。重复上述步骤，得到地层温度 70 ℃、压力 18 MPa（地层压力大于 MMP）条件下 7 个 CO_2 浓度值时原油中沥青质沉淀的量。

2.3.2　测试结果

图 2-14 所示为地层条件（温度 70 ℃、压力 18 MPa）下原油中沥青质沉淀量随 CO_2 浓度的变化规律。在原油中 CO_2 浓度低于 20 mol% 时，原油体系中沥青质的热力学稳定状态继续保持，沥青质并未从原油中析出。当原油中 CO_2 浓度达到 20 mol% 时，原油中沥青质开始沉淀。当 CO_2 浓度达到 50 mol% 时，原油中沥青质基本完全沉淀析出，此时 CO_2 浓度并未达到 5.15 mol/L，表明在地层温度压力条件下，如果原油中的 CO_2 浓度达到最大溶解度，则原油中的沥青质将会完全沉淀。

由于 CO_2 驱油过程中储层原油组分不断变化，且不同位置的原油中 CO_2 浓度也不同，据此将注入井到采出井之间的储层划分为四个不同的区域：CO_2 带、过渡带、多级接触混相带和原始油带，如图 2-15 所示[96]。储层不同区域中原油和 CO_2 宏观、微观分布规律存在较大的差异。CO_2 带中 CO_2 总量最大，但原油

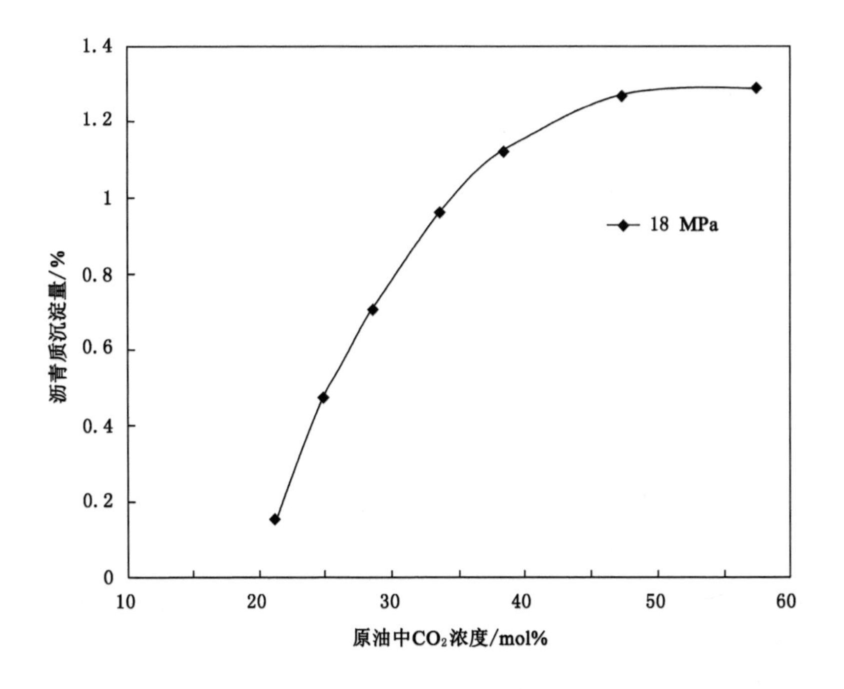

图 2-14　原油中 CO_2 浓度与沥青质沉淀量的关系曲线

分布最少。CO_2 作为非润湿相主要分布在大孔喉形成的优势渗流通道中央，残余油主要以油膜的形式分布在孔隙表面或存在于小孔隙中，且小孔隙中的原油中难以接触到 CO_2，其 CO_2 含量较少。过渡带中 CO_2 总量少于 CO_2 带，部分 CO_2 溶解于原油中。多级接触混相带中 CO_2 总量少于过渡带，但原油中溶解 CO_2 的量最多。原始油带中基本上不含 CO_2。结合图 2-14 和图 2-15 可以推断出，在不考虑 CO_2 溶解速率的情况下，CO_2 混相驱替过程中，沥青质沉淀在 CO_2 过渡带中开始出现，沉淀量在多级接触混相带中达到最大。由于 CO_2 带和原始油带中基本不存在原油和 CO_2 的有效接触，沥青质沉淀较少发生。因此，在 CO_2 混相驱替过程中，实际储层中注入井近井地带沥青质沉淀较少，储层中部出现大规模沥青质沉淀[97]。

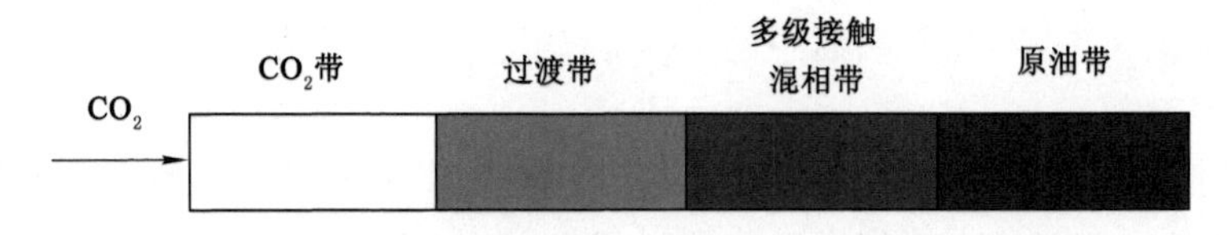

图 2-15　CO_2 混相驱过程中油藏流体组分变化分布示意图

2.4　CO_2-原油系统最小混相压力

本节通过悬滴法测量 CO_2-原油系统的 MMP。图 2-16 所示为实验装置示意图，该测试系统包括一个高压 IFT 可视室，其最大工作压力和最高温度分别为 69 MPa 和 177 ℃。一台注入泵及高温高压釜将高温高压 CO_2 和原油注入可视釜中。图像采集和分析系统用来分析不同温度及压力下 CO_2-原油系统的界面张力。

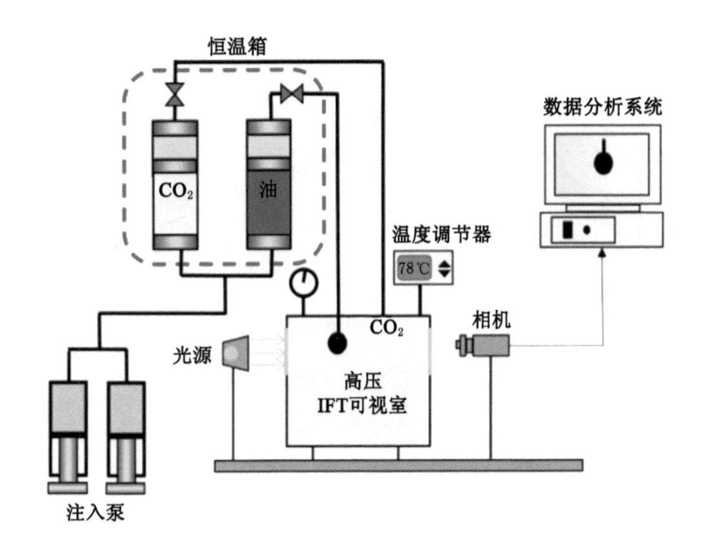

图 2-16　在储层条件下用于测量 CO_2-原油系统平衡 IFT 的设备示意图

2.4.1　实验步骤

将装有 CO_2 和原油的容器放入恒温箱中，恒温箱设置 70 ℃后维持 48 h，通过注入泵调节 CO_2 和原油压力。通过注入泵将原油和 CO_2 注入 IFT 可视室中，使悬垂在注射器针头尖端的油滴保持 2 min，然后在达到平衡时脱落。使用图像采集系统在不同时间捕获悬垂油滴的形态，并使用基于 ADSA 的软件对其形状进行分析，以测量动态油滴和 CO_2 界面张力的变化[92]。在不同的指定压力下重复进行 IFT 测试 3 次，不同测试之间的测量误差小于 $\pm 0.5\ mJ/m^2$。

2.4.2 测试结果

测试结果如图 2-17 所示。CO_2-原油系统的 MMP 实测值为 16.8±0.3 MPa。对相同 CO_2-原油系统进行的细管实验测试得出的 MMP 值为 16.3 MPa[65]，表明实验压力满足了原油与 CO_2 的最小混溶条件，测试结果可靠。

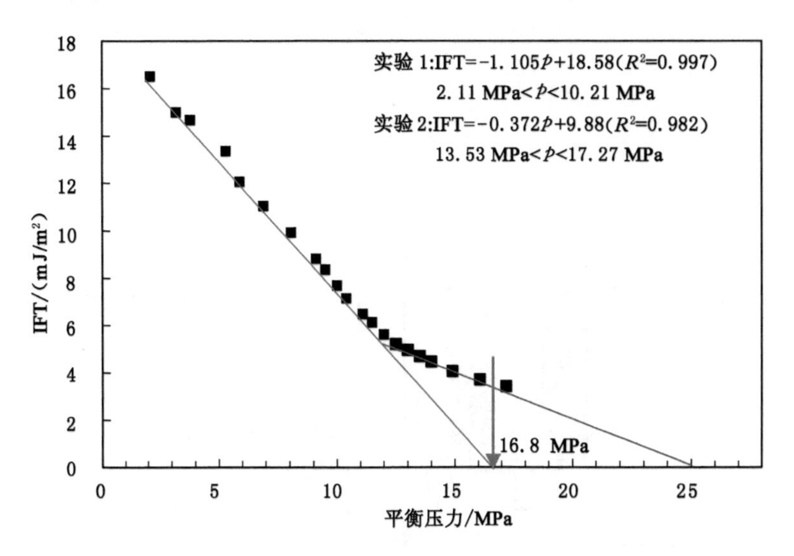

图 2-17 在 70 ℃不同平衡压力下测得 CO_2-原油系统的 IFT 值

2.5 本章小结

本章对目标区块的储层岩石、流体和注入 CO_2 在高温高压条件下的物性参数的变化规律进行了研究，测试了 CO_2 在储层原油和地层水中的溶解度，以及其溶解 CO_2 对物性和沥青质沉淀的影响，分析了 CO_2 驱油过程中储层中产生沥青质和无机沉淀的趋势大小。

① 本书研究的目标区块储层平均温度和压力为 70 ℃、18 MPa，岩石物性总体较差，属低孔、超低渗砂岩储层，储层层间非均质性较强。岩石平均孔隙度为 9.33%，渗透率主要分布在 $(0.1\sim10)\times10^{-3}\ \mu m^2$，平均孔喉半径为 0.136 5 μm，孔喉半径中值为 0.309 1 μm。岩石所含主要矿物为石英、长石、岩屑、碳酸盐矿物、黏土矿物。黏土矿物主要由伊利石、绿泥石、伊蒙混层和高岭石组成。

② 原油样品来自目标区块储层，原油中沥青质含量为 1.32%。在地层温度

压力条件下原油样品的密度和黏度分别为 0.726 g/cm^3、3.88 mPa·s。地层水总矿化度为 29 520 mg/L，水型为氯化钙型。在地层温度压力条件下，地层水的密度和黏度分别为 0.992 g/cm^3、0.419 mPa·s。CO_2 在原油和地层水中的溶解度分别为 5.15 mol/L、1.13 mol/L。

③ 为了有效分析 CO_2 驱油过程中沥青质沉淀规律，绘制了储层条件下原油中 CO_2 浓度与沥青质沉淀量的关系曲线。当原油中 CO_2 含量达到 20 mol% 时，原油中开始产生沥青质沉淀。当 CO_2 含量达到 50 mol%时，沥青质基本完全沉淀析出。表明在地层温度压力条件下，如果原油中的 CO_2 浓度达到最大溶解度，则原油中的沥青质将会完全沉淀。此外，在储层温度条件下，CO_2-原油系统的最小混相压力为 16.8 MPa，低于储层压力的 18 MPa。

第 3 章　低渗储层注 CO_2 驱油特征

为了研究不同物性低渗储层中不同 CO_2 驱替方式的驱替特征和驱替机理，在地层条件下进行了强非均质多层储层中 CO_2 及 CO_2-WAG 驱油实验、不同孔喉结构储层中 CO_2 混相与非混相驱油及 CO_2-SAG 驱油实验、一维非均质储层及非均质多层储层中 CO_2-SAG 混相驱油实验。

3.1　强非均质多层储层中 CO_2 及 CO_2-WAG 驱油特征

CO_2 及 CO_2-WAG 驱是常见的驱油方案。两种驱油方式在驱油效果、注入难度和对储层物性的影响方面具有不同的特征[98-99]。CO_2 驱油过程中所需的注入压力较小，然而黏度差异和重力分异机制会引发过早的 CO_2 突破，导致较低的 CO_2 利用率和大量未动用的剩余油[100]。当实际含油储层是由一系列具有不同渗透性的薄层组成时，在高渗层中由于作为阻力的毛细管压力较小，会过早地发生 CO_2 突破，渗透率较低的储层则难以被波及[42]。CO_2-WAG 驱油可以增加注入流体的波及体积，提高注入 CO_2 的利用率，缓解层间非均质的矛盾。然而高的注入压力和注入成本是低渗透储层中 CO_2-WAG 驱油的缺点。为对比在强非均质储层中 CO_2 及 CO_2-WAG 驱油的驱替特征，通过分割 3 块岩心获得的两组具有相似物性的 6 块岩心用于模拟多层储层，然后在储层温度(70 ℃)和压力(18 MPa)条件下分别在多层系统中进行 CO_2 及 CO_2-WAG 驱油实验，评估多层系统中每层的驱油特征及剩余油分布。

3.1.1　实验过程

(1) 实验所用岩心及处理

实验所使用的岩心样品取自不同的未注 CO_2 的储层，岩心为均质砂岩，矿物组成见表 3-1。岩心具有不同的渗透率，代表了模拟多层系统中每层的平均渗透率。清洗岩心，干燥后测量气体渗透率和孔隙度值。之后将每个岩心平均分成两个部分，以获得具有相同长度的 6 个岩心（图 3-1、表 3-2）。根据地层水资料配制盐水，将所有岩心在真空下用普通盐水完全饱和 24 h，并通过核磁共振装置对每块岩心进行测试。将 T_2 谱归一化处理得到图 3-2[88]。此外，本次实验采用了氘水配制盐水，在 NMR 测试过程中检测不到氘盐水的信号，进而获得岩心中油的分布。本次实验所有的 NMR 测试均是将持有岩心的岩心夹持器一起置于装置中进行测量，使岩心及其中的流体保持压力。

表 3-1　岩心中矿物种类及含量

岩心编号	矿物种类及含量/%						
	石英	钾长石	斜长石	方解石	白云石	黏土矿物	其他
Y1	33.5	16.3	31.2	6.5	2.2	6.8	3.5
Y2	41.3	13.4	26.6	7.7	2.8	5.4	2.8
Y3	30.4	18.5	36.2	5.1	1.8	4.9	3.1

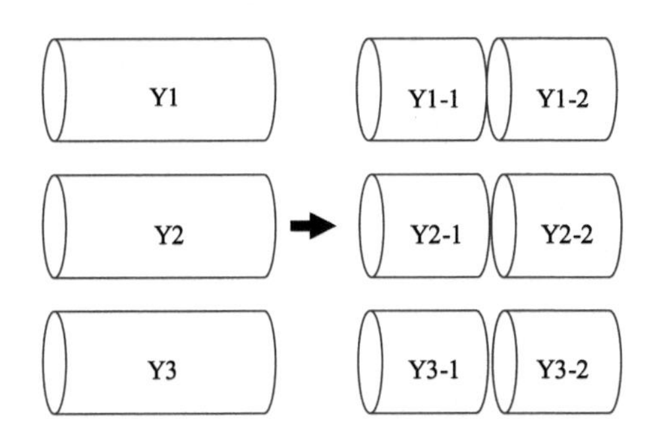

图 3-1　岩心分割示意图

表 3-2　岩心基本物性参数

岩心编号	长度/cm	渗透率/mD	孔隙度/%	直径/cm
Y1	6.75	0.589	10.67	2.523
Y1-1	3.15	0.582	10.61	2.523
Y1-2	3.12	0.593	10.68	2.523
Y2	6.58	6.82	16.74	2.525
Y2-1	3.10	6.78	16.69	2.525
Y2-2	3.13	6.92	16.87	2.525
Y3	6.84	63.2	19.91	2.522
Y3-1	3.14	63.6	19.98	2.522
Y3-2	3.13	64.1	19.85	2.522

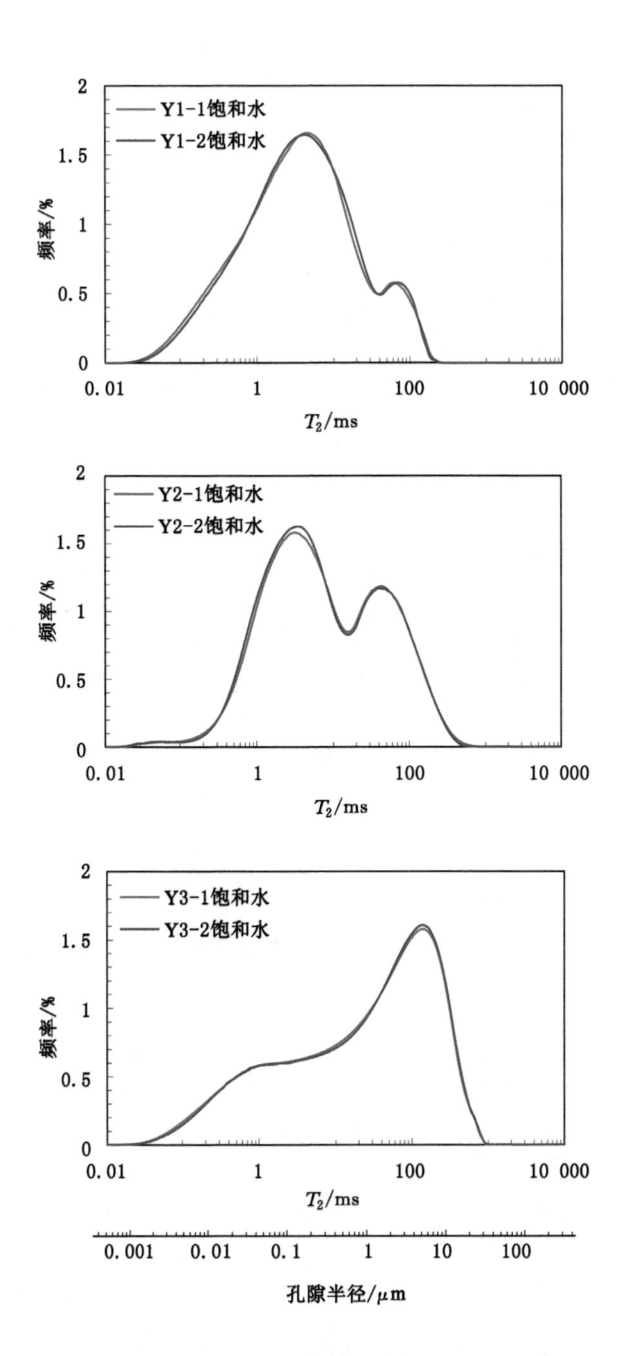

图 3-2 岩心中盐水分布核磁共振(NMR)T_2 谱

测试结果表明，通过分割一块岩心得到的两块短岩心具有相近的渗透率、孔隙度和孔喉半径分布，可以认为满足实验材料在实验前具有相似初始物性的前提。

（2）实验设备及过程

图 3-3 所示为用于进行 CO_2 及 CO_2-WAG 驱油实验的高温高压驱替装置示意图。将 3 个岩心夹持器并行连接、水平放置以模拟多层储层。4 个中间容器中分别是普通盐水、氚盐水、活油和 CO_2。将所有的岩心夹持器和中间容器放入恒温箱中，调节温度至 70 ℃并维持 24 h，同时使用 ISCO 注射泵将中间容器中流体的压力维持在 18 MPa。3 个气液分离器和 3 个气体流量计用于收集和计量每个岩心中的产出流体。

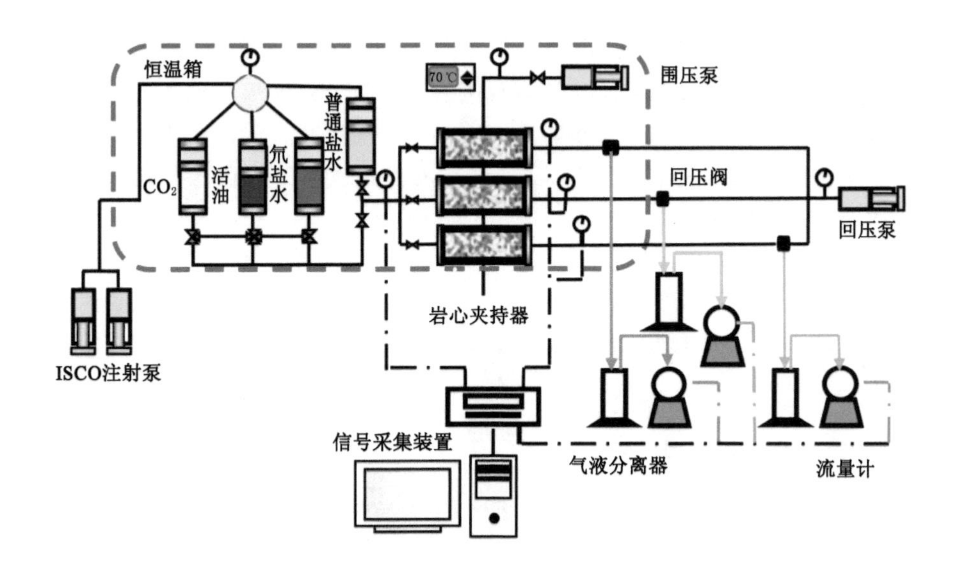

图 3-3　高温高压驱替装置示意图

为了排除高矿化度盐水对驱替后岩石渗透率的影响，对岩心进行饱和普通盐水 NMR 测试后并联进行单纯普通盐水恒速驱替，驱替速度为 0.02 cm^3/min，驱替 1.5 PV 后结束，将岩心干燥并测试渗透率和孔隙度，之后将岩心及管线清洗并用氮气干燥，清除岩心及驱替装置中的普通盐水后进行驱油实验。驱油实验步骤如下：

① 将岩心 Y1-1、Y2-1、Y3-1 分别装入岩心夹持器中，抽真空并饱和氚盐水，静置 24 h 后利用 NMR 测试每块岩心中原油的分布状况，与饱和盐水的 T_2 谱进行对比，计算每块岩心中的初始含油饱和度（S_{oi}）和束缚水饱和度（S_{wc}），计算

结果见表 3-3。

表 3-3 驱替前岩心中束缚水和初始含油饱和度

驱替方式	岩心编号	孔隙体积/cm^3	S_{oi}/%	S_{wc}/%
CO_2-WAG 驱	Y1-1	1.67	62.3	37.7
	Y2-1	2.59	67.1	32.9
	Y3-1	3.13	75.6	24.4
CO_2 驱	Y1-2	1.67	60.2	39.8
	Y2-2	2.64	69.8	30.2
	Y3-2	3.10	78.9	21.1

② 以气水交替的方式通过共同的入口向 3 块岩心注入 CO_2 和氘盐水，注入速度为恒定的 0.02 cm^3/min，出口端的压力控制在 18 MPa。气水段塞尺寸为 0.1 PV，段塞比为 1∶1。直至多层系统不再产油时停止实验。在整个驱油期间连续监测和记录注入及生产压力，以及注入及产出流体的体积。实验结束后立即再次通过 NMR 测试每块岩心中剩余油分布。

③ 在岩心 Y1-2、Y2-2、Y3-2 上进行步骤①、②的操作，然后以相同的恒定流速进行 CO_2 驱油，当多层系统不再有油产出并注入的 CO_2 体积达到步骤②中 CO_2 和氘盐水共同的体积后停止实验，然后通过 NMR 测试每块岩心中剩余油的分布。

3.1.2 驱替压差和产出流体

如图 3-4 所示，在 CO_2 驱油期间，驱替压差首先增加并随后减小，这是由于油气前缘的推进以及 CO_2 的降黏作用导致的流体在岩心中流动阻力降低。随后在高渗岩心中发生明显的 CO_2 突破，当没有原油产出后，驱替压差显示出略微上升的趋势。在 CO_2-WAG 驱油过程中，由于三相流和盐水相对较高的黏度，驱替压差高于 CO_2 驱，但在多层系统中可以有效地延迟 CO_2 突破。

表 3-4 显示了两种驱替方式驱替后多层系统流体累计产出的体积。CO_2 驱后多层系统中收集到的产出液体全部来自高渗透层，且产出的液体主要是油，高渗层贡献了 99.1%的产气量。中渗层在 CO_2 突破之前观察到油滴产出，并贡献了剩余 0.9%的产气量。在低渗层中始终未观察到明显的油气产出。而 CO_2-WAG 驱后虽然高渗层的液体和气体产量贡献远高于其他两个渗层，但是中渗岩心具有明显的液体和气体产量，即使高渗岩心中发生了 CO_2 突破之后依然如此。最终产液和产气贡献率分别达到 13.3%和 10.1%，油气产量显著高于 CO_2

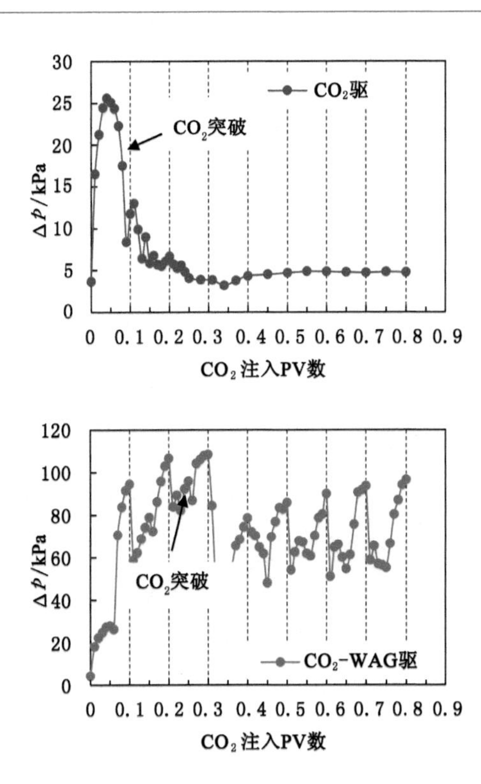

图 3-4　驱替过程中压差的变化曲线

驱。此外，低渗岩心中也观察到有油和气体的产出。与 CO_2 驱相比，CO_2-WAG 驱不仅提高了多层系统中各层的油气产量，而且缩小了各层之间产量的差异。

表 3-4　驱替结束后每块岩心累计流体产出体积

驱替方式	液体(油＋水)/mL			气体/cm^3		
	Y1	Y2	Y3	Y1	Y2	Y3
CO_2 驱	—	—	1.2	—	7.3	847.6
CO_2-WAG 驱	—	0.4	2.6	6.4	42.2	370.6

注："—"表示因体积小无法准确测量或为 0。

3.1.3　各层剩余油分布

在驱替实验后所有岩心中剩余油的分布和比例见图 3-5 和表 3-5。基于剩余油分布计算得出每块岩心的采收率和产油贡献率，如图 3-6 所示。

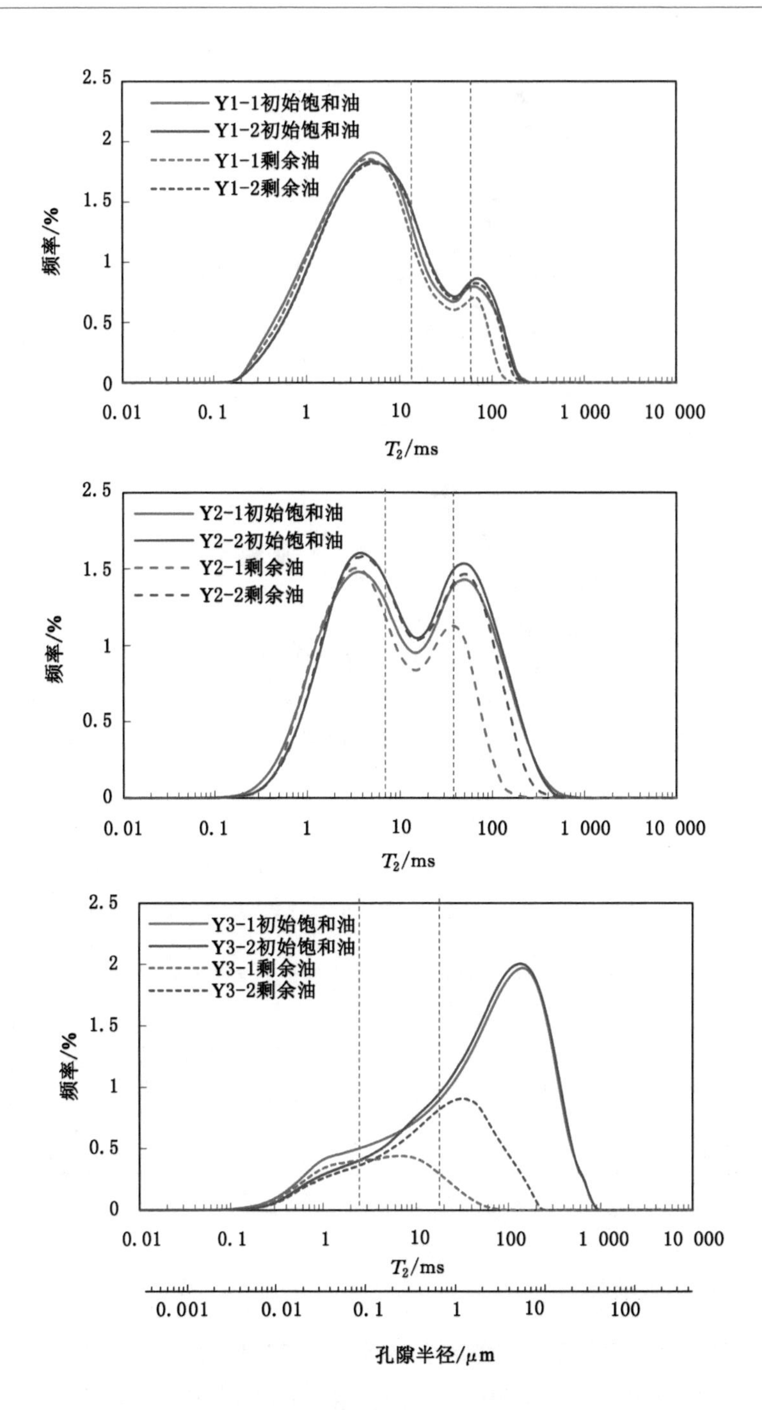

图 3-5　驱替前后岩心中原油分布

表 3-5　驱替实验后每块岩心的剩余油比例

驱替方式	剩余油比例/%			
	Y1	Y2	Y3	整个系统
CO_2-WAG 驱	91.66	77.78	23.14	55.51
CO_2 驱	98.03	94.22	45.40	72.36

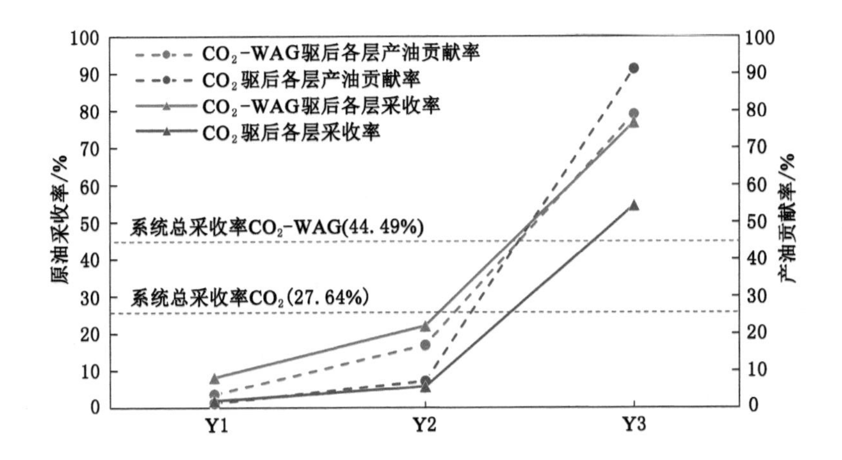

图 3-6　根据实验后剩余油分布计算的代表每个层位岩心的采收率和产油贡献率

CO_2 驱后多层系统的剩余油主要分布在中、低渗岩心以及高渗岩心的小孔隙中。高渗岩心具有最高的原油采收率和产油贡献率，多层系统的总采收率由高渗岩心决定。整个系统的原油采收率非常低，仅为 27.64%。这主要是储层的层间非均质性和高渗岩心中的黏性指进效应造成的，导致不同岩心的毛细管压力存在差异以及高渗岩心出现过早的 CO_2 突破[101]，大量被注入的 CO_2 通过高渗岩心中 CO_2 气窜通道流出，降低了 CO_2 的利用率和 CO_2 的驱油效率。

然而在 CO_2-WAG 驱后的多层系统中，每块岩心中的剩余油含量少于 CO_2 驱后相同渗透率岩心中的剩余油，而且高渗岩心与中、低渗岩心之间剩余油比例的差异减小，意味着 CO_2-WAG 驱后多层系统中层间非均质性矛盾被缓解，且整个系统的采收率明显提高，为 44.49%。此外，CO_2-WAG 驱后高、中、低渗岩心的采收率分别比 CO_2 驱后高 22.26%、16.45%和 6.37%，这表明在高渗岩石中 CO_2-WAG 的驱油效率改善最明显。对于具有相同渗透率的岩心，在 CO_2-WAG 驱替过程中，岩心中可动油所在孔隙的尺寸下限低于 CO_2 驱(如图 3-6 中虚线所示)，而且高渗岩心拥有最小的下限值。这是由于在高渗岩心中，较高的驱替压力和气水交替的注入方式对气窜通道有抑制作用，注入的 CO_2 可以进入或溶解在较小孔隙的原油中，增加了注入流体在岩心中的波及体积和驱油效率。此外，在较高的驱替压力下一部分流体进入中、低渗岩心，中、低渗岩心中的波及体积和驱油效果也得到提高与改善。一般而言，CO_2-WAG 驱不仅提高了各层中注入流体的驱替效果，而且减弱了储层层间非均质性对整个系统原油采收率的影响。

3.2 不同孔喉结构储层中 CO_2 混相与非混相驱油特征

在混相条件下，CO_2 和原油可以以任意比例混合，消除界面张力从而获得更高的 CO_2 驱油效率，而 CO_2 非混相驱油容易造成早期的 CO_2 突破[14,17]。孔喉结构对 CO_2 驱油效果和残余油分布有重大影响。分形理论是研究岩石孔喉结构的有效方法，可以表征岩石孔喉结构的复杂性和不规则性[35]。本次驱替实验前，基于恒速压汞的测试结果，采用分形理论定量评估了具有相似渗透率但孔隙半径分布明显不同的 4 块岩心的孔喉结构，并在油藏温度(70 ℃)下对岩心进行了混相及非混相 CO_2 驱油实验。驱替后对比了混相和非混相条件下具有不同孔喉结构岩心的原油采收率和残余油分布。

3.2.1 实验过程

(1) 岩心的选取

从 237 个储层岩心样本中选取 19 个渗透率值相近的岩心。将岩心抽真空并用普通盐水饱和 24 h 后，进行 NMR 测试以获取各个岩心的孔隙半径分布。19 个样品的孔隙半径分布呈现出 4 种典型的形状[102]。从中选择 4 块岩心以代表 4 种典型的孔隙半径分布，编号为 H1、H2、H3 和 H4(表 3-6、图 3-7)。切割岩心使其长度为 5 cm，之后对岩心进行孔隙度、渗透率和润湿性测试。将切割下来的剩余岩心样品进行恒速压汞测试，以获得 4 块岩心的孔喉特征参数。

表 3-6 岩心基本物性参数

岩心编号	长度/cm	直径/cm	渗透率/mD	孔隙度/%
H1	5.11	2.54	0.726	14.68
H2	5.07	2.54	0.755	14.19
H3	5.09	2.53	0.775	13.58
H4	5.02	2.54	0.724	11.83

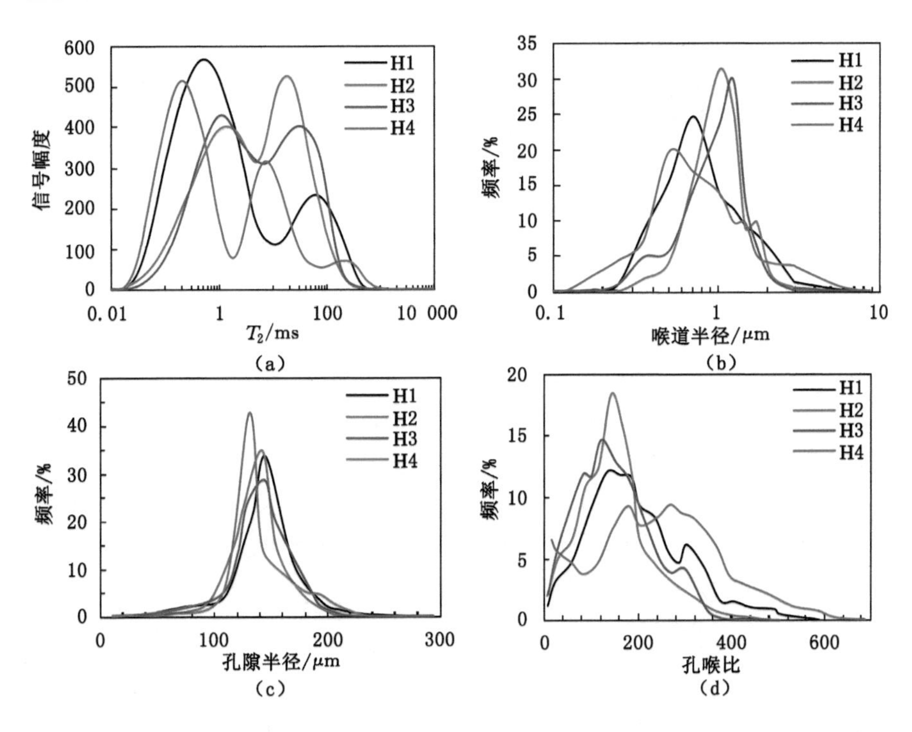

图 3-7　核磁共振测得的岩心孔隙尺寸分布和恒速压汞测得的岩心孔喉特征参数

(2) 实验设备及过程

图 3-8 所示为用于进行 CO_2 驱油实验的高温高压驱油装置的示意图。4 个中间容器中分别是普通盐水、含 $MnCl_2$ 的盐水、活油和 CO_2，其中含 $MnCl_2$ 的盐水在 NMR 测试时可以屏蔽水的信号，只测试油在岩心中的分布。将岩心夹持器和中间容器放入恒温箱中，调节温度至 70 ℃并维持 24 h，同时使用 ISCO 注射泵将中间容器中流体的压力维持在 14 MPa(<MMP)。气液分离器和气体流量计用于收集和计量每个岩心中的产出流体。驱油实验步骤如下：

① 将在盐水中老化后的岩心放入岩心夹持器中抽真空并饱和普通盐水，然后对岩心进行 NMR 测试，得到完全饱和水状态下岩心样品中盐水分布的 T_2 谱。用含 $MnCl_2$ 的盐水驱替岩心 5 PV 后，再次对岩心进行 NMR 测试，以确保岩心中盐水的信号已被消除。

② 使用原油对岩心驱替 30 PV，以达到束缚水饱和度(S_{wc})和初始含油饱和度(S_{oi})状态。静置 24 h 使岩石中的流体达到平衡状态，再次进行 NMR 测试得到岩心中原油的分布。

③ 每次驱替实验中，以 0.02 cm^3/min 恒速将 CO_2 注入岩心中驱替原油。

岩心夹持器出口端的压力保持在 14 MPa,当出口端不再有油产出时停止驱替。在整个驱油期间连续监测和记录注入及生产压力,以及注入和产出流体的体积。实验结束后立即再次通过 NMR 测试岩心中剩余油的分布。每次岩心驱油实验期间收集产出的原油,并分析产出油中沥青质含量。

④ 使用正庚烷清洗岩心,除去岩心中剩余的流体,只将沥青质沉淀保留在孔隙喉道中(沥青质可溶于芳烃但不溶于烷烃,而原油中的其他成分可与正庚烷充分混合[10])。随后,将岩心干燥并测试受沥青质沉淀影响的孔隙度和渗透率。随后,将岩心再次用盐水老化,除去饱和油对岩石润湿性的影响,然后测试仅受沥青质沉淀影响的岩石润湿性。之后岩心在盐水中再次老化,然后对岩心重复步骤①、②的操作,以获得岩心在含有沥青质沉淀状态下再次饱和的盐水分布和原油在岩心中的分布。

⑤ 4 组驱替实验结束后,升高系统压力至储层初始压力 18 MPa,在高于 MMP 的条件下再次对 4 块岩心样品重复步骤①～④的操作。

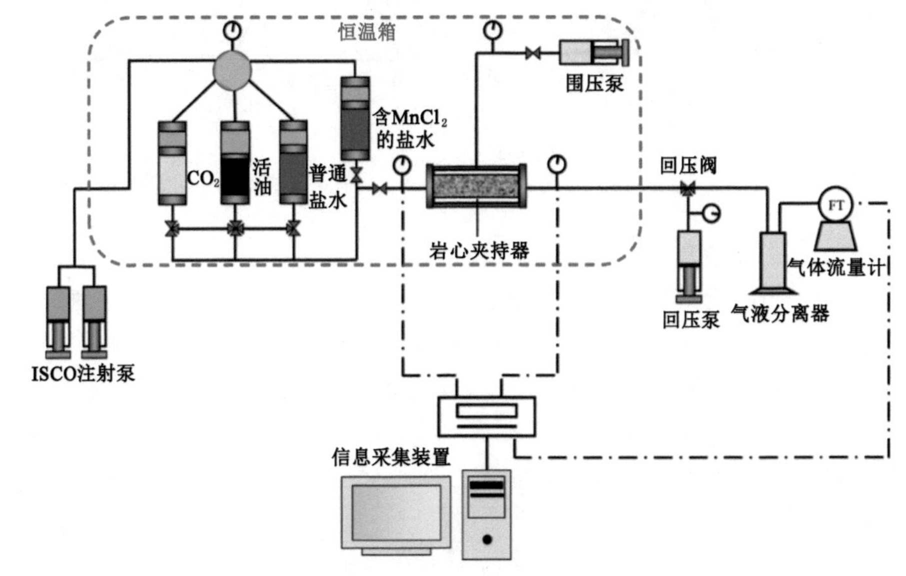

图 3-8 驱替装置示意图

3.2.2 岩心孔隙结构定量表征

本次研究所选岩心样品存在 3 种双峰分布和 1 种三峰分布(图 3-7)。双峰分布呈现三种特征:较高的左锋和较低的右峰、较低的左锋和较高的右峰、双峰高度相似。双峰分布中,左峰和右峰的幅度可以完全不同或相似,表明岩心样品的小尺寸和大尺寸孔喉可能具有相当不同或相似的比例。例如,较高的左峰和较低的右峰分别表示较大比例的小孔喉和较小比例的大孔喉。三峰分布表明砂岩岩心样品中可能存在微裂缝。但是 NMR 测试结果只能表征岩石孔隙尺寸的分布，并不能准确地表征岩石孔喉结构特征。

连接孔隙的喉道在决定岩心渗透率方面起着主要作用，孔隙是储层流体的储存场所。恒速压汞测试结果表明，样品 H2 和 H3 的喉道分布具有一个相对更窄的峰。相比之下，样品 H1 和 H4 的喉道分布更分散。测试结果还显示，4 块岩心的孔隙分布没有显著差异，但这并不意味着 4 块岩心具有相同的孔隙体积。孔喉比的分布表明，样品 H1 和 H4 在孔喉结构方面具有较强的非均质性，样品 H3 是 4 块岩心中孔喉结构最均质的。恒速压汞的进汞特征曲线同时记录了总体、孔隙和喉道的进汞曲线（图 3-9）。根据进汞特征，这些样品分为两种类型。样品 H1 和 H4 属于同一类型，随着压力的增加，总体进汞与喉道进汞曲线趋势一致。随着压力的增加，喉道的进汞不断增加，而孔隙的进汞仅在狭窄的压力范围内发生，这表明孔隙主要通过少量的大尺寸喉道连接。样品 H2 和 H3 属于另一种类型，总体进汞和受到孔隙进汞的控制，并且随着压力的增加，孔隙和喉道中汞的饱和度相对稳定地增加，这也表明样品 H2 和 H3 的孔喉结构更均质[103]。

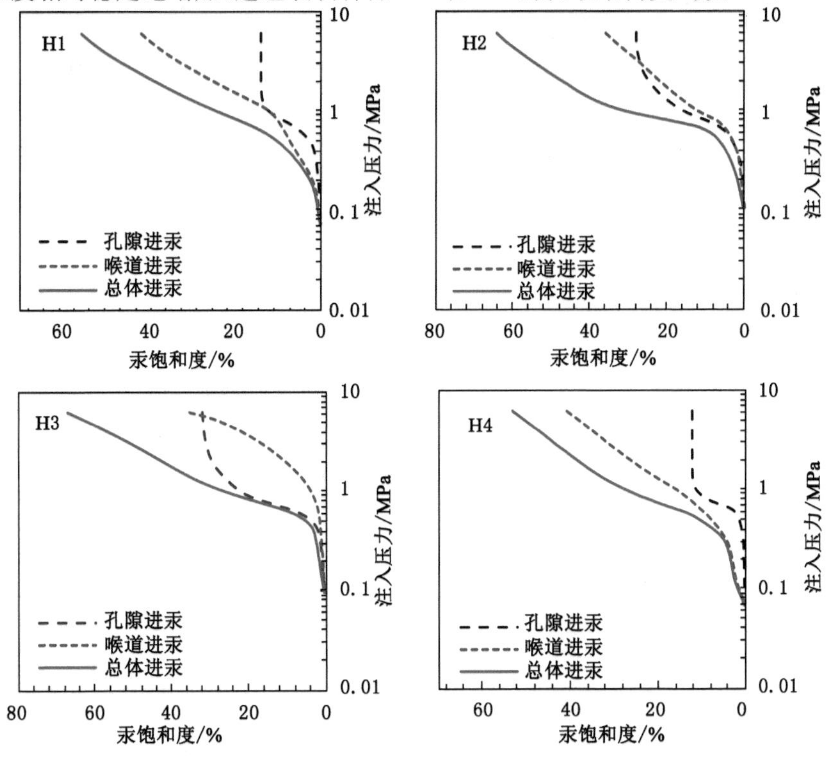

图 3-9　驱替前岩心样品恒速压汞测得的进汞特征曲线

毛细管压力的对数与润湿相饱和度的对数之间的关系曲线如图 3-10 所示。所有岩心样品均表现出良好的线性拟合关系(R^2>0.9)。$\log S_w$ 与 $\log p_c$ 的曲线分为两个部分,对应小孔喉直线(对应于较高的毛细管压力)的斜率范围为 −0.25～−0.41,而对应大孔喉(主要为孔隙)直线的斜率接近于 0。分形维数是根据每条曲线的直线部分的斜率计算的。小孔喉的分形维数:H3(2.596)<H2(2.622)<H1(2.706)<H4(2.748)。大孔隙的分形维数虽然小于 3,但非常接近 3,这可能意味着不能用这种分形分析方法有效地评估大孔隙的结构特征,而小孔喉的结构特征可以通过分形维数准确地进行评价[101]。此外,根据图 3-7 恒速压汞的测试结果,4 块岩心的大孔隙分布差异不明显,因此本书通过小孔喉的分形维数来评估岩心样品整体的孔喉结构特征。结果表明,样品 H2 和 H3 的孔喉结构的非均质性低于样品 H1 和 H4。

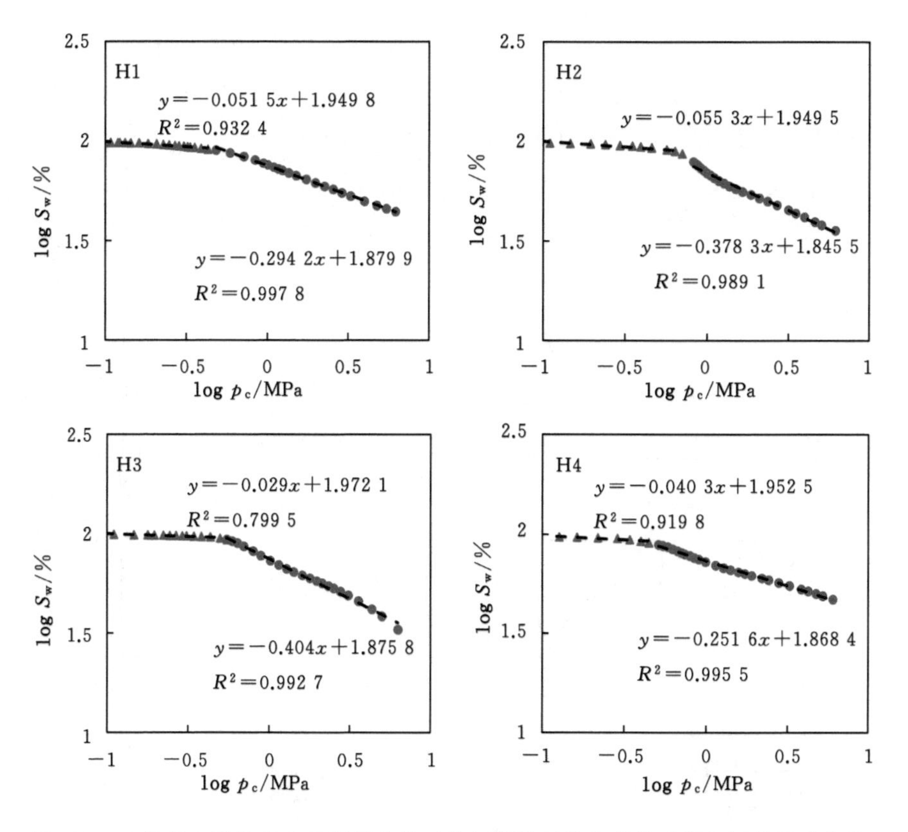

图 3-10　4 块岩心样品的毛细管压力的对数与润湿相饱和度的对数之间的关系曲线

3.2.3 孔喉结构对产油和剩余油分布的影响

驱替实验前所有岩心中初始饱和油分布和驱替后剩余油的分布如图 3-11 和图 3-12 所示，基于剩余油分布计算得出每块岩心的原油采收率见表 3-7。结果表明，混相驱替后岩心的总体采收率比非混相驱替高 12%～17%。此外，非混相驱替时大孔隙对原油采收率的贡献相对更高，小孔隙中原油动用程度较低。混相驱替时这个差异减小，小孔隙中的残余油含量明显低于非混相驱替，而且混相驱替时岩心中被动用原油对应的孔隙尺寸下限值更低。

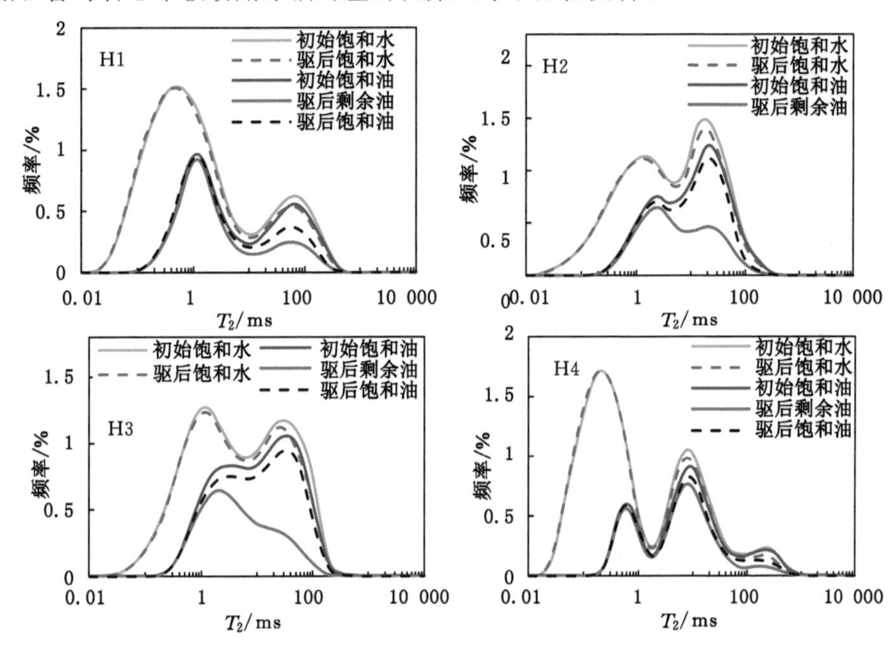

图 3-11　非混相驱替前 NMR 测得岩心孔隙中流体初始分布、驱替后剩余油分布以及驱替后再次饱和的流体分布

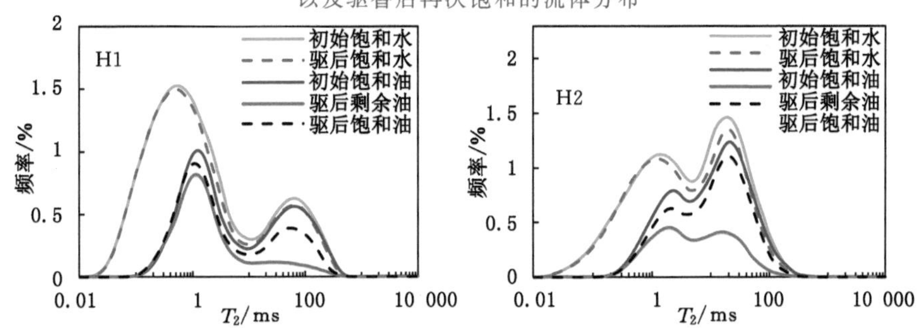

图 3-12　混相驱替前 NMR 测得岩心孔隙中流体初始分布、驱替后剩余油分布以及驱替后再次饱和的流体分布

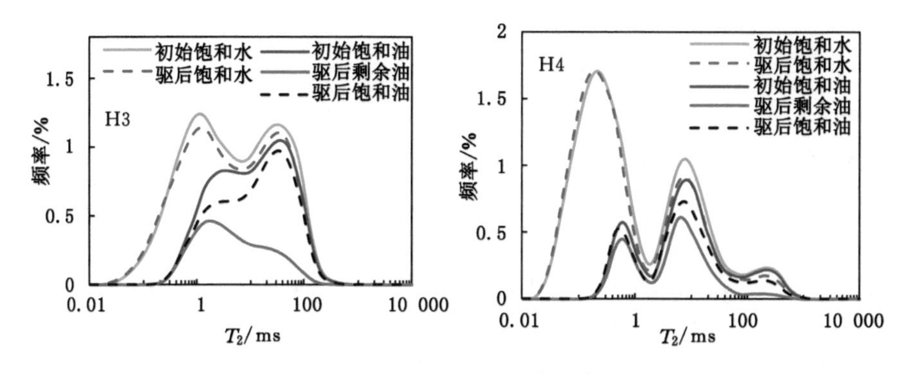

图 3-12 （续）

表 3-7 每块岩心的初始含油饱和度、驱替后剩余油比例、原油采收率和产出油中沥青质含量

驱替条件	岩心编号	初始含油饱和度/%	剩余油/%	原油采收率/%	产出油中沥青质含量/%
非混相(14 MPa)	H1	50.2	56.9	43.1	0.91
	H2	61.7	42.3	57.7	1.01
	H3	66.4	38.1	61.9	1.1
	H4	43.5	60.4	39.6	0.83
混相(18 MPa)	H1	51.4	72.5	27.5	0.71
	H2	62.9	55.9	44.1	0.79
	H3	65.5	50.3	49.7	0.85
	H4	42.3	77.2	22.8	0.66

对于具有不同孔隙半径分布和孔喉结构的岩心，在相同驱替条件下岩心总体原油采收率与岩心孔喉结构分形维数呈现出良好的线性关系，孔喉结构均质的岩心具有更高的总体原油采收率(图 3-13)。非混相驱替对应直线斜率的绝对值更大，表明在非混相条件下岩心原油采收率受岩石孔喉结构影响更大。这可能是由于非混相驱替时被注入的 CO_2 主要沿大孔喉形成的优势渗流通道流动，而混相驱替时 CO_2 可以进入更小尺寸的孔隙中有效地驱替原油[104]，减弱了岩石孔喉结构非均质性对注入 CO_2 分布的影响。此外，岩石不同尺寸孔隙中原油采收率随半径增大而增加，且孔喉结构均质岩心的不同尺寸孔隙具有更高的原油采收率，原油被动用的孔隙尺寸下限值更低。值得注意的是，混相驱替时 4 块岩心在 100～1 000 ms 尺寸范围内的孔隙中产油表现接近，表明在混相条件下 CO_2 在最大孔隙中的驱油作用受孔喉结构的影响相对较小。

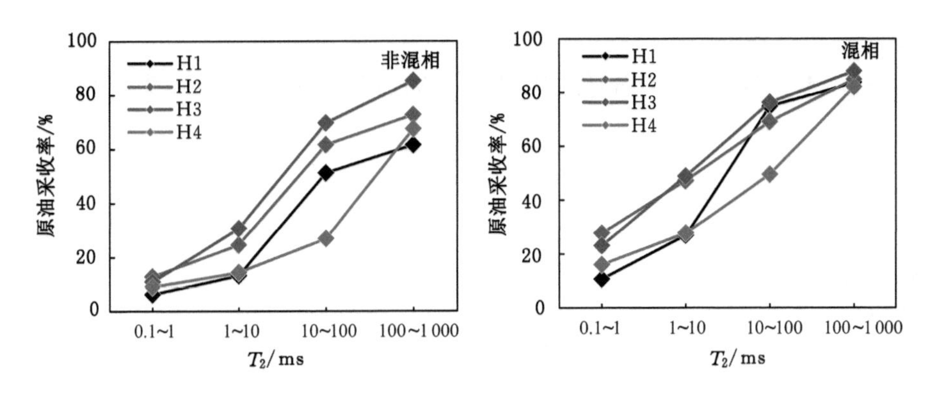

图 3-13　岩心中不同尺寸范围孔隙中原油采收率

图 3-14 和表 3-7 显示产出油中的沥青质含量低于初始原油中的沥青质含量。对于同一块岩心，混相驱替后产出油中沥青质含量低于非混相驱替，这归因于混相驱替时更多的 CO_2 溶解在孔隙原油中以及 CO_2 对原油更强的轻烃抽提作用[14]，导致更多的沥青质从原油中沉淀并滞留在岩心孔隙中。此外，在相同驱替条件下，具有不同孔喉结构的岩心产出油中的沥青质含量存在差异，表明在驱替过程中沥青质沉淀受孔隙半径分布和孔喉结构非均质性的影响。样品 H1 和 H4 由于有较强的孔喉结构非均质性，其中优势渗流通道导致注入的 CO_2 的波及体积减小，小尺寸孔喉中的原油难以接触到 CO_2，被注入的 CO_2 反复驱替优势渗流通道中的原油，导致这部分被驱出的原油中产生更多的沥青质沉淀[18]，所以产出油中平均沥青质含量较低。

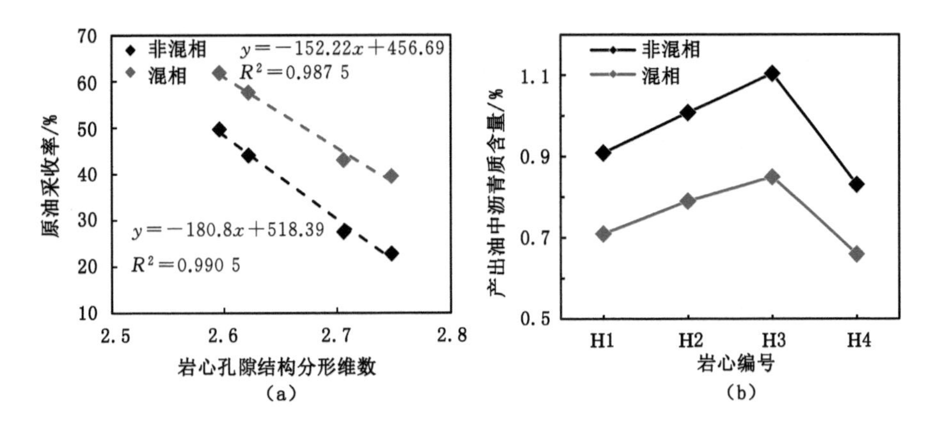

图 3-14　原油采收率与岩心孔隙结构分形维数(a)及岩心产出油中沥青质含量(b)

3.3 不同孔喉结构储层中 CO_2-SAG 混相驱油特征

CO_2-SAG 驱替过程是首先将 CO_2 连续注入储层中驱替原油，直到 CO_2 突破，关闭注入和生产端，开始 CO_2 浸泡阶段，使滞留在储层孔隙中的 CO_2 扩散到剩余的储层流体中。由于较早的 CO_2 突破，这些流体尚未与 CO_2 充分作用。随着剩余油中 CO_2 浓度的增加，原油的黏度下降，原油膨胀进入先前形成的优势渗流通道或 CO_2 气窜通道。此外，储层地层水中的 CO_2 浓度也增加了，减少了原油和地层水之间的界面张力，从而克服了阻水效应[104-105]。以上这些效果使 CO_2 浸泡阶段结束后进行的二次 CO_2 驱油进一步驱出更多的原油。

本节通过驱替实验研究孔喉结构对 CO_2-SAG 驱油效果及 CO_2 浸泡阶段压力衰减的影响，对比分析了 CO_2-SAG 和 CO_2 在驱油特征方面的差异。由于 CO_2-SAG 驱是在混相条件下注入 CO_2，因此将实验结果与 CO_2 混相驱结果进行对比。

本次实验所用岩心为上节中 CO_2 混相驱替实验结束后清洗的岩心（表 3-8）。除去岩心中的沥青质沉淀后，岩石的渗透率基本可以恢复到初始状态（<±1.7%）。CO_2-SAG 驱油实验设备与上节中 CO_2 混相与非混相驱替实验的驱替设备相同。在 CO_2 突破之前，CO_2-SAG 驱油实验步骤与上节中 CO_2 混相驱油实验步骤相同。当发生 CO_2 突破时，停止向岩心中注入 CO_2。关闭岩心夹持器入口和出口的阀门，开始 CO_2 浸泡阶段，记录岩心中压力衰减过程，压力达到稳定后，通过 NMR 测量岩心中的原油分布。打开阀门继续向岩心注入 CO_2 驱替原油，直到不再有原油产出，再次通过 NMR 测量岩心中的残余油分布。整个 CO_2-SAG 驱替过程中连续监测入口和出口压力以及注入和产出流体的体积，每次岩心驱替实验收集产出油并测试其中的沥青质含量。CO_2-SAG 驱替结束后采取与 CO_2 混相驱替结束后相同岩心清洗及岩心测试程序。

表 3-8　岩心孔喉结构分形维数、原油采收率、注入 CO_2 体积

驱替方式	岩心编号	分形维数	S_{oi} /%	K_b /mD	CO_2 突破时采收率/%	CO_2 突破时 CO_2 体积/PV	最终原油采收率/%
混相 CO_2 驱（3.2 节）	H1	2.706	51.4	0.713	—	—	43.1
	H2	2.622	62.9	0.742	—	—	57.7
	H3	2.596	65.5	0.769	—	—	61.9
	H4	2.748	42.3	0.734	—	—	39.6

表 3-8(续)

驱替方式	岩心编号	分形维数	S_{oi} /%	K_b /mD	CO_2 突破时采收率/%	CO_2 突破时 CO_2 体积/PV	最终原油采收率/%
CO_2-SAG 驱	H1	2.706	52.6	0.706	39.1	0.37	56.8
	H2	2.622	62.0	0.730	51.0	0.53	67.2
	H3	2.596	64.9	0.778	54.4	0.58	70.5
	H4	2.748	42.8	0.724	35.4	0.28	53.2

注：S_{oi}—驱替前岩心初始含油饱和度；K_b—驱替前岩心渗透率。

3.3.1　CO_2-SAG 驱提高原油采收率

图 3-15 中给出的 T_2 谱显示了每个岩心在驱油前原油在岩心中初始分布、CO_2 突破时岩心中残余油分布和驱替后岩心中残余油分布。表 3-8 显示了根据 NMR 测试的 T_2 谱计算的原油采收率。混相 CO_2 驱油实验的结果来自 3.2 节。出口端气体流量开始突然增加并达到峰值，就认为发生了 CO_2 突破，此时在岩心入口和出口之间形成了 CO_2 气窜通道。在 CO_2 突破之前，CO_2 驱替和 CO_2-

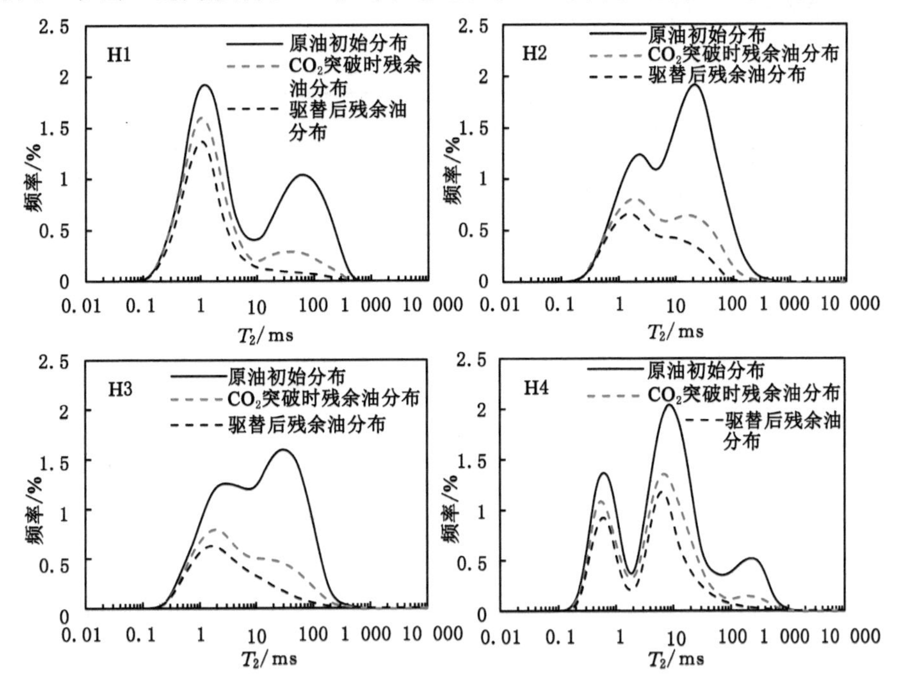

图 3-15　驱替前岩心中原油初始分布、
CO_2 突破时岩心中残余油分布和驱替后岩心中残余油分布

SAG 驱替具有相同的驱替过程。持续 CO_2 驱替后岩心的最终原油采收率略高于 CO_2 突破时的原油采收率（4%～7.5%）。CO_2 突破后的原油采收率的增加主要取决于 CO_2 对原油的轻烃萃取作用[21]，样品 H2 和 H3 原油采收率的增加略高于样品 H1 和 H4。在 CO_2 浸泡过程之后，岩心又被 CO_2 驱替，使 CO_2-SAG 驱替的总原油采收率比 CO_2 驱替的总原油采收率高 8%～14%。

由图 3-16 可以看出，原油总采收率与岩心孔喉结构的分形维数之间存在良好的线性关系（$R^2>0.9$），岩心孔喉结构越均质，CO_2 驱油效率越高，CO_2 波及体积越大，原油采收率越高。另外，CO_2 驱替的直线斜率相对更大，表明 CO_2 驱油过程中原油采收率对孔喉结构的差异更敏感。如图 3-17 所示，CO_2 突破时注入 CO_2 的量和分形维数也呈线性关系。在驱油过程中，具有强非均质性的岩心中的黏性指进更明显，从而导致了更早的 CO_2 突破，对应注入岩心 CO_2 的量也少。同时，孔隙中 CO_2 与原油之间的相互作用时间短，并且在优势渗流通道或 CO_2 气窜通道之外岩心孔隙原油中溶解的 CO_2 较少。均质孔喉结构岩心中的黏性指进作用较弱，在 CO_2 突破之前注入的 CO_2 量较大，原油采收率更高，更多的 CO_2 和更多的孔隙中的原油相互作用时间更长[18]。CO_2 浸泡过程减轻了驱替过程中由于孔喉结构非均质性引起的 CO_2 与原油之间的相互作用不足，因此，CO_2-SAG 驱替对孔喉结构的敏感性低于 CO_2 驱替。

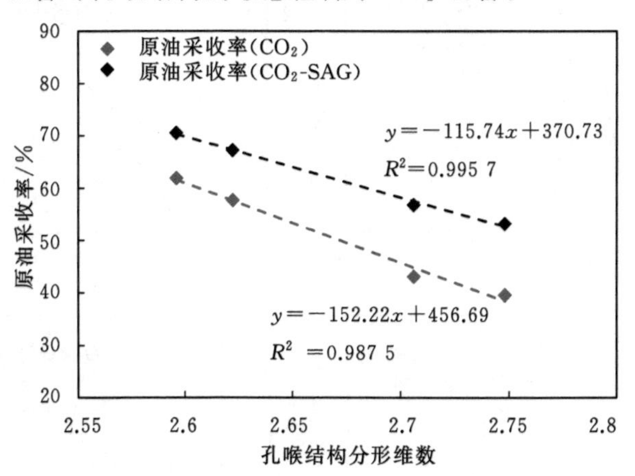

图 3-16 原油采收率与孔喉结构分形维数的关系曲线

如图 3-18 所示，样品 H2 和 H3 中浸泡后的产油量占总产油量的比例（24%、23%）低于样品 H1 和 H4（31%、34%）。这可能是因为样品 H2 和 H3 在 CO_2 突破之前就已经达到了较高的原油采收率，产油潜力不足，这表明 CO_2-SAG 驱替更有利于孔喉结构较差的岩石提高原油采收率。将 CO_2 突破时的原

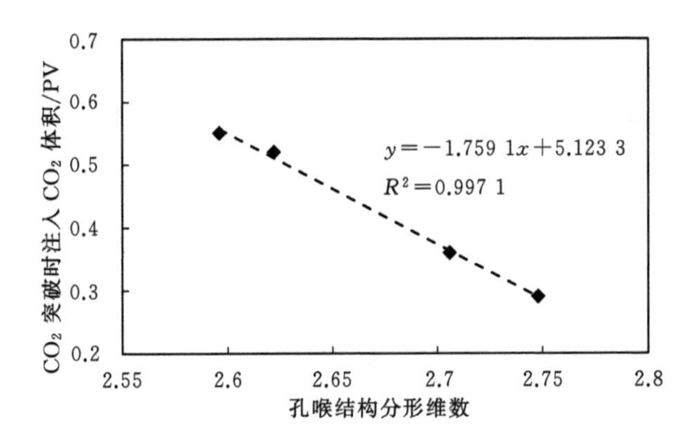

图 3-17　CO_2 突破时注入 CO_2 体积与孔喉结构分形维数关系曲线

油采收率与 CO_2-SAG 驱替后的总原油采收率进行比较，图 3-19 显示了不同尺寸的孔隙由于 CO_2 浸泡过程而引起的产油的增加幅度。样品 H2 和 H3 的值随孔隙半径变大而增加，孔隙半径越大，产油增长的潜力越大。然而，在具有非均质性较强的样品 H1 和 H4 中，10～100 ms 范围的孔隙产油增加最多。大孔隙（T_2>100 ms）中的大部分油由于非均质性而被优先驱出。在 CO_2 浸泡过程中，CO_2 主要溶解在次一级孔隙中（10 ms<T_2<100 ms），因此次一级孔隙中产油增加最多。此外，样品 H1 和 H4 中 0.1～100 ms 范围内的孔隙中原油采收率的增加幅度高于样品 H2 和 H3 中的孔隙，这也表明 CO_2-SAG 驱替有利于相对差的孔隙结构的岩心提高原油采收率。

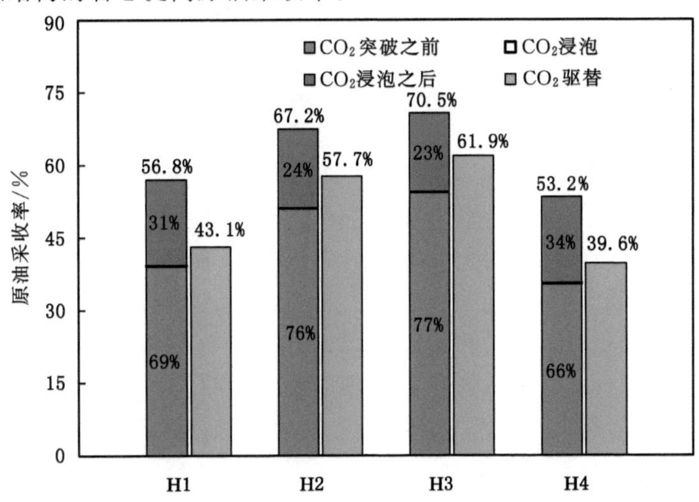

图 3-18　CO_2-SAG 驱替 CO_2 突破前、CO_2 浸泡后和 CO_2 驱替原油采收率

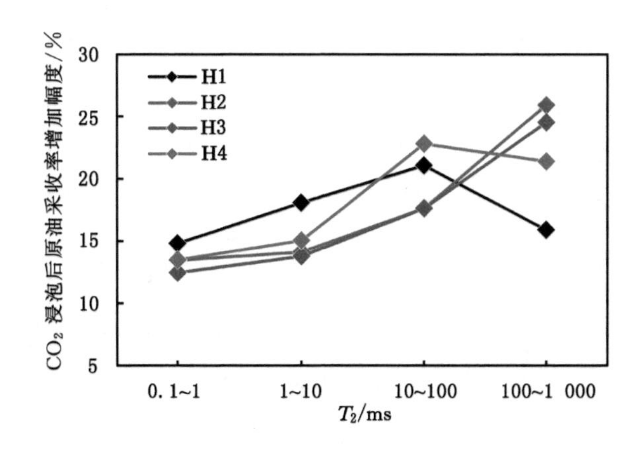

图 3-19　CO_2 浸泡后不同尺寸孔隙中原油采收率增加幅度

3.3.2　CO_2 浸泡过程中的压力衰减

CO_2 浸泡阶段，滞留在岩心孔隙中的 CO_2 逐渐溶解在孔隙原油中，从而使岩石孔隙中的流体压力逐渐减小（图 3-20）。衰减压力是岩心的入口和出口压力的平均值。压力衰减初始阶段，岩心内部平均压力迅速降低，之后缓慢衰减达到稳定值。压力衰减整个过程呈现出指数递减趋势。孔喉结构越均质，在早期压力快速衰减阶段岩心中压力衰减速度越快（H3＞H2＞H1＞H4）。这表明在均质孔喉结构的岩心中，CO_2 浸泡阶段滞留在岩心中的 CO_2 迅速溶解在残余油中，可以更早进行后续的 CO_2 驱替，缩短总 CO_2-SAG 驱替时间。这是由于样品 H2 和 H3 中相对较大的 CO_2 波及体积和 CO_2 在突破时 CO_2 在样品 H2 和 H3 中的分布更广泛，浸泡阶段 CO_2 和原油之间有相对较大的接触面积。孔喉结构均匀的岩心中，孔隙原油中的 CO_2 扩散速率更高[95]。此外，在 CO_2 突破时孔喉结构均匀的岩心中产油量相对较大、残余油相对较少，因此，相应滞留在孔隙中的 CO_2 量较大，在压力衰减的平稳期平均压力相对较高。

但是，压力衰减的平稳期是 CO_2 在小孔喉中原油和盐水的溶解过程，此时 CO_2 的传质效率低，且在相同条件下 CO_2 在盐水中的溶解度比原油中低很多。盐水是润湿相，分布在小孔喉中或以水膜的形式分布在孔隙表面，CO_2 优先溶解在较大孔隙的原油中，过长的 CO_2 浸泡时间将导致 CO_2 开始溶解到盐水中，CO_2 在盐水中的溶解导致一部分盐水变为流动水，随后在 CO_2 驱替中被驱出，增加产油含水率。CO_2 的传质效率也随岩心中的压力衰减而降低，低速压力衰减阶段将浪费大量时间，这不利于原油生产并增加了油田的生产成本[106]。

为了节省时间并提高效率，可以缩减低速压力衰减阶段。在确保 CO_2-SAG

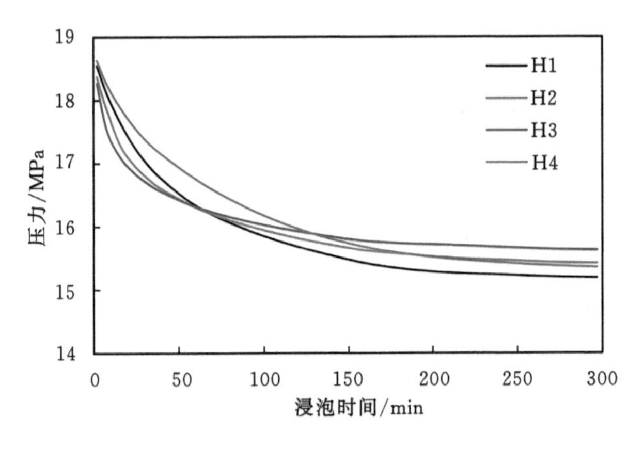

图 3-20　CO_2 浸泡阶段岩心内部压力随时间变化曲线

驱油效果的前提下，选择最佳时间点(T_c)来结束低效的缓慢压力衰减阶段，并提早开始注入 CO_2 驱替原油，该时间点根据 10 min 内压力衰减小于 0.1 MPa 的标准确定(图 3-21)。

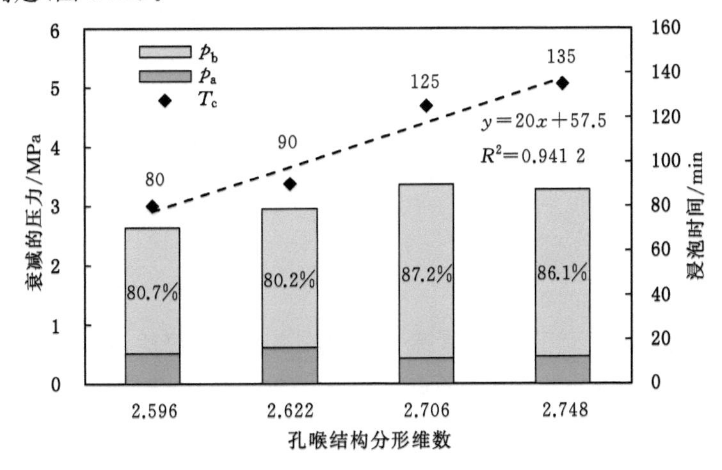

T_c—结束浸泡阶段最佳时间点，min；p_b—T_c 之前衰减的压力，MPa；p_a—T_c 之后衰减的压力，MPa。

图 3-21　最佳时间点与孔喉结构分形维数的关系曲线

最佳时间点的值随孔喉结构分形维数的变大而增加，并且在最佳时间点时，衰减的压力超过总衰减压力的 80%。结果表明，在快速压力衰减阶段，已经溶解在原油中的 CO_2 足以保证后续 CO_2 的驱油效率，因此最佳时间点的选择是合理的。尽管样品 H2 和 H3 的压力衰减曲线较早到达转折点，但在最佳时间点时，压力衰减的幅度小于样品 H1 和 H4 的衰减幅度(约 7%)。这是因为样品 H1 和 H4 的压力衰减曲线的快速衰减期和稳定衰减期之间的过渡相对平滑，而样品 H2 和 H3 的两个阶段之间的差异更加明显。因此，在随后的实验研究中，我们不必等到压力完全停止下降之后再开始进行后续的 CO_2 驱替。值得注意的是，最佳时间点的选择标准不是唯一的，应根据油田生产中的特定储层特征制定合理的标准，还需要充分研究最佳时间点的选择及最佳时间点对最终原油采收率的影响。

3.4 一维非均质储层中 CO_2-SAG 混相驱油特征

低渗砂岩储层孔隙和喉道半径小、非均质性强，导致驱油过程中注入的 CO_2 在油藏不同位置分布差异，使得储层中不同位置 CO_2 驱油效率和剩余油饱和度不同，CO_2 驱油综合效果对油藏的非均质性特别敏感。CO_2-SAG 驱油的浸泡过程能有效提高二次 CO_2 驱油过程中残余油的采收率，但是非均质储层中不同位置岩石的改善效果存在差异。针对此本节中在两组相似的低渗一维非均质长组合岩心上进行了油藏条件 CO_2-SAG 驱油和 CO_2 驱油过程，长岩心由不同渗透率、相同尺寸的短岩心串联组成，渗透率沿注入方向递减，研究了非均质长岩心中 CO_2-SAG 驱油的综合效果，特别关注驱油特征、残余油分布、原油采收率改善的微观和宏观分布，以探究一维非均质储层内不同区域、不同渗透率的岩石中 CO_2-SAG 的驱油效果，并与 CO_2 驱油过程对比。

3.4.1 实验过程

(1) 实验所用岩心及处理

实验所用岩心采自 H 区块埋深 2 252～2 560 m 的储层，储层渗透率从注入井到生产井逐渐降低，注入井附近储层渗透率约为注入井储层渗透率的 3 倍。选取 12 个不同渗透率均质砂岩岩心(S1～S12)，将所有岩心一分为二(表 3-9)，组成两组物性相似的长岩心模拟该非均质储层(图 3-22)，用于 CO_2 驱和 CO_2-SAG 驱实验。对岩心碎片进行 X 射线衍射测试，得到岩心各种矿物含量的平均值，见表 3-10。

表 3-9 组成两组长岩心的短岩心样品基本参数

岩心编号	长度/cm	直径/cm	渗透率/mD	孔隙度/%	岩心编号	长度/cm	直径/cm	渗透率/mD	孔隙度/%
S1-1	3.14	2.52	4.326	18.20	S2-1	3.10	2.52	4.341	18.16
S1-2	2.93	2.52	4.298	18.10	S2-2	3.05	2.51	4.333	18.12

表 3-9(续)

岩心编号	长度/cm	直径/cm	渗透率/mD	孔隙度/%	岩心编号	长度/cm	直径/cm	渗透率/mD	孔隙度/%
S1-3	3.06	2.53	3.717	16.43	S2-3	3.09	2.52	3.728	16.55
S1-4	3.02	2.52	3.503	18.02	S2-4	2.96	2.51	3.483	17.98
S1-5	3.10	2.52	3.217	17.07	S2-5	3.15	2.52	3.179	16.97
S1-6	3.05	2.52	2.896	16.25	S2-6	3.03	2.53	2.853	16.18
S1-7	3.20	2.52	2.631	15.92	S2-7	3.15	2.52	2.610	15.86
S1-8	3.05	2.53	2.348	15.24	S2-8	3.07	2.52	2.344	15.14
S1-9	3.13	2.53	1.962	16.39	S2-9	3.09	2.53	1.947	16.57
S1-10	2.88	2.52	1.783	15.47	S2-10	3.00	2.52	1.791	15.56
S1-11	2.97	2.51	1.769	15.79	S2-11	2.92	2.52	1.776	15.87
S1-12	3.08	2.52	1.654	14.49	S2-12	3.18	2.52	1.663	14.61

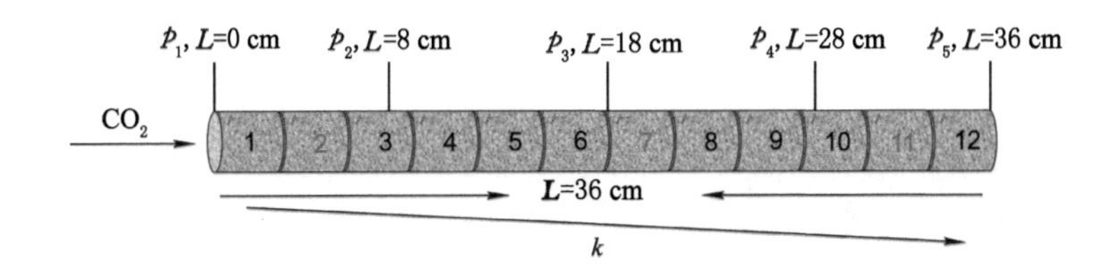

图 3-22　非均质组合长岩心(包含 5 个压力测点)示意图

表 3-10　岩心矿物种类及平均含量

矿物种类	含量/%
石英	36.1
钾长石	17.4
斜长石	25.7
方解石	7.5
白云石	4.7
黏土矿物	6.8
其他	1.8

(2) 实验设备及过程

岩心驱替装置示意图如图 3-23 所示。其中岩心夹持器长 50 cm,中间带有

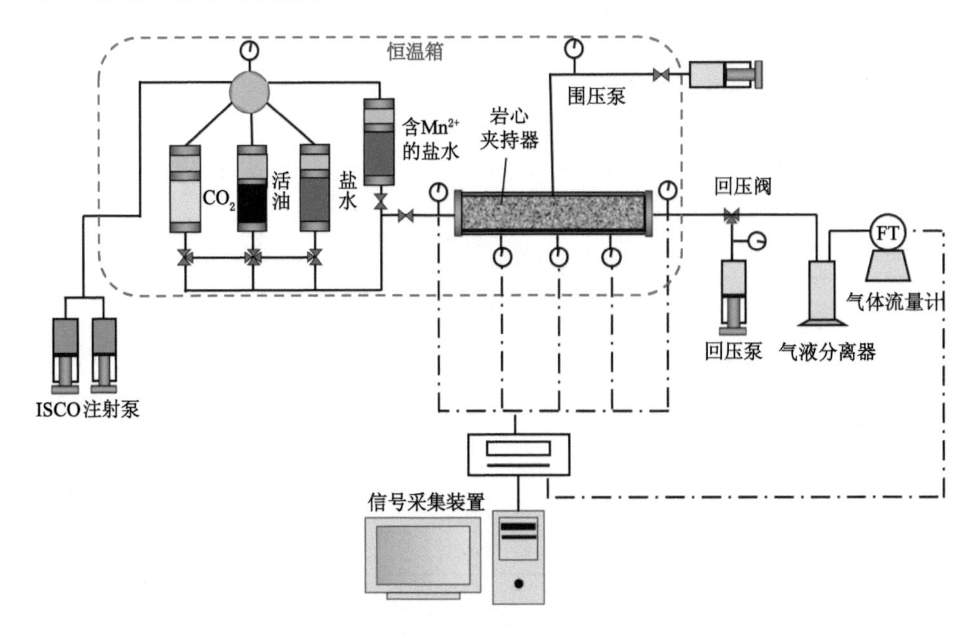

图 3-23　岩心驱替装置示意图

3 个压力测试端口。具体实验步骤为：

① 按照渗透率由小到大将岩心依次放置在岩心夹持器中，抽真空并饱和普通盐水。饱和盐水后将岩心取出，通过 NMR 测试每个岩心中盐水的分布。然后将岩心干燥并以之前的顺序再次放入岩心夹持器，长岩心组合被抽空并用含 $MnCl_2$ 的盐水饱和。向组合岩心注入 30 PV 的原油驱替岩石中的盐水，以达到初始含油饱和度和束缚水饱和度。组合岩心再次被取出进行 NMR 测试，以获得每个岩心中的分布。之后，将岩心再次以相同顺序重新放入岩心夹持器，并另外注入 5 PV 的原油，将岩心静置 24 h 使其中流体达到平衡。

② 驱替过程以 0.02 cm^3/min 的恒定流速向组合岩心中注入 CO_2 以驱替原油。岩心出口压力保持在 23 MPa。持续 CO_2 驱替过程中，组合岩心出口端不再有原油产出时停止实验。对于 CO_2-SAG 驱，CO_2 突破时停止注入 CO_2，关闭岩心出入口阀门开始 CO_2 浸泡阶段。浸泡阶段结束后，再次向岩心中注入 CO_2 驱替原油，直至无原油产出。

③ 整个驱替过程中，记录注采液量和压力。释放岩心内气体并进行测量。然后取出岩心进行 NMR 测试，得到各个岩心的残余油分布情况。岩心驱替期间收集产出原油，并测试其沥青质含量。

④ 驱替结束后将岩心取出，使用正庚烷清洗岩心中除沥青质外的有机成分。然后干燥岩心并测试沥青质沉淀影响下的孔隙度和渗透率。随后，通过在

盐水中浸泡 24 h 使岩心老化，以尽量减少饱和油对岩石润湿性的影响。然后再次将岩心饱和普通盐水，进行 NMR 测试获得在岩心孔隙空间内含有沥青质条件下盐水分布的 T_2 谱。最后通过甲苯和甲醇交替冲洗岩心，去除沥青质之后再测试岩心孔隙度和渗透率。

3.4.2　驱替压差

图 3-24、图 3-25 和图 3-26 显示了四段岩心（$L=0\sim8$ cm、$L=8\sim18$ cm、$L=18\sim28$ cm、$L=28\sim36$ cm）的压差（Δp）。CO_2 持续注入，岩石中出现流动阻力较大的两相流使驱替压差增加，而 CO_2 突破之前驱替压差不断下降。这是由于 CO_2 溶解导致原油黏度降低，且驱替前缘不断向出口推进。当 CO_2 突破发生时（0.625 PV），由于气窜通道的建立使压差迅速下降。CO_2-SAG 混相驱过程中，经过浸泡阶段后，岩心中流体重新分布达到新的平衡状态，再次注入 CO_2 驱油，压差迅速上升至峰值。这可能是由于与第一次驱油相比，二次驱油时原油中已溶解了一定量的 CO_2，溶解过程消耗的 CO_2 量较小。气油比在第一次 CO_2 突破处的上升趋势比第二次 CO_2 突破时缓，第一次 CO_2 突破时压差的突变幅度较大。二次驱替的最大压差和有效持续时间分别比一次驱替小和短，这是由于二次驱替期间 CO_2 溶解已大大降低原油的黏度，且在一次驱替岩心中的 CO_2 饱和度已较高。这两个因素共同使驱替阻力减小，导致二次 CO_2 驱油的持续时间更短。第二次 CO_2 突破的时间决定了 CO_2-SAG 驱的增产效果。虽然注入少量 CO_2 比第一次 CO_2 突破来得更快，但有效延长了 CO_2 高效驱油持续阶段。驱油结束最终压差趋于稳定时，压差值小于 CO_2 驱，主要原因是岩心含油饱和度较小。

驱替过程中沿注入方向压差 Δp 在岩心中的分布如图 3-25 所示。注入 CO_2 初期（0.019 PV，CO_2 驱；0.015 PV，CO_2-SAG 驱），入口处孔隙中的 CO_2 不断富集，随着 CO_2 的不断注入，孔隙中的流体压力增加，入口处 Δp 逐渐增加。随着 CO_2 的注入和驱替前缘的推进，二次驱替 CO_2 突破前 4 个压力点（p_1、p_2、p_3、p_4）与岩心出口端（p_5）的压差逐渐减小。这是由于该部分岩心含油饱和度逐渐降低，注入的 CO_2 逐渐形成连续相，CO_2 的相对渗透率增加，导致渗流阻力降低，对应更小的压差。压力点 p_1、p_2、p_3、p_4、p_5 之间的压力差值接近，并在驱替结束时达到最小值，表明此时 CO_2 通道已经建立，岩心中的 CO_2 已形成连续相。

CO_2 驱和 CO_2-SAG 驱两种注入方式下，长岩心的出口部分均出现较大压差，因为这部分岩心具有较高的残余油饱和度。出口处 8 cm 岩心上的压差与整个岩心的压差百分比（R）如图 3-26 所示，两种驱替方式下 R 均逐渐增加。在驱

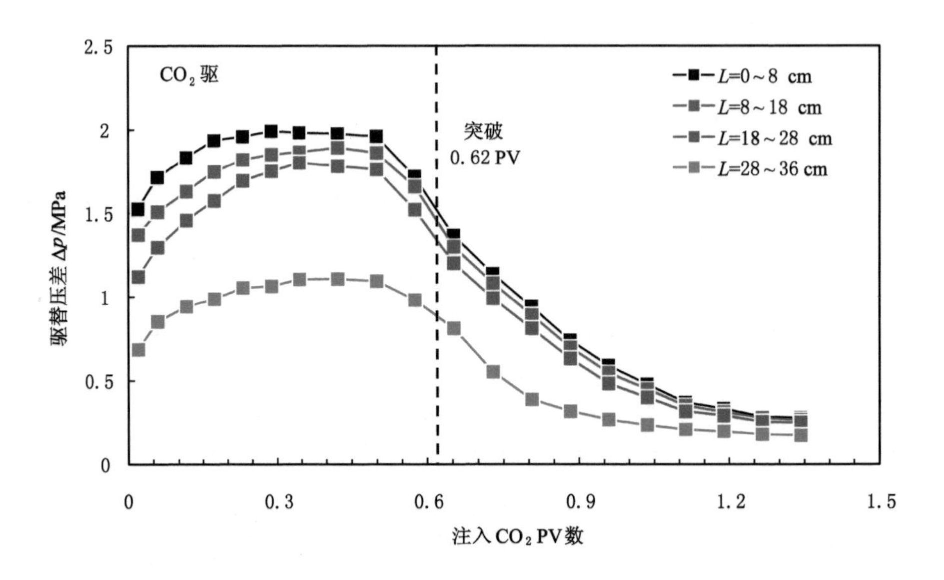

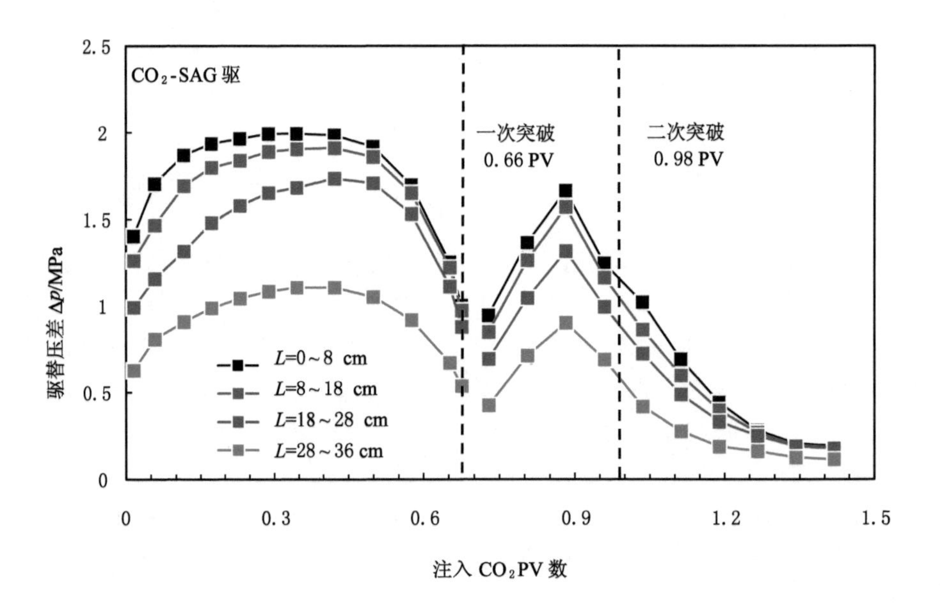

图 3-24 在 CO_2 驱和 CO_2-SAG 驱过程中组合岩心 4 个部分的压差

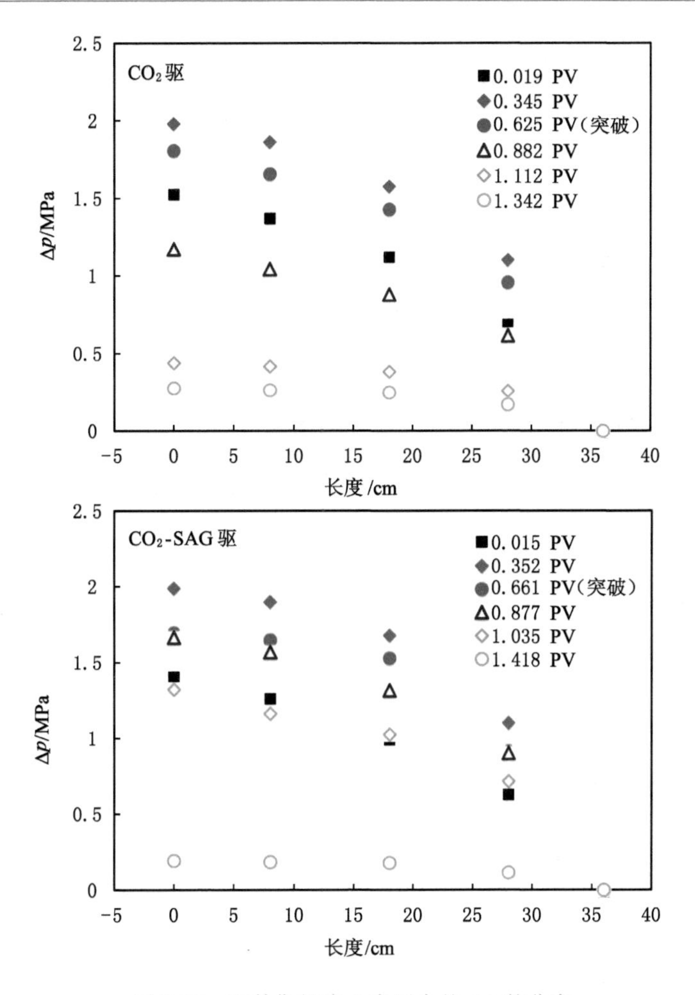

图 3-25　驱替期间岩心中压力差 Δ*p* 的分布

替过程中 CO_2 突破后 *R* 依然增加。对于 CO_2-SAG 驱，CO_2 突破前 *R* 的值的变化趋势与 CO_2 驱相近。然而，在二次注入阶段 *R* 先下降后增加，这表明浸泡过程导致入口附近岩心 *R* 增大，出口处 *R* 降低，有利于采收率的提高。随着 CO_2 继续注入，出口 *R* 再次增加。

3.4.3　CO_2 浸泡过程压力衰减

在浸泡阶段，岩心内气窜通道及部分孔隙中游离的 CO_2 逐渐溶解在与其接触的原油中，导致岩心中流体压力下降，如图 3-27 所示。流体压力是 5 个压力测点的平均值。在浸泡过程中，由于气窜通道导致岩心入口和出口之间良好的

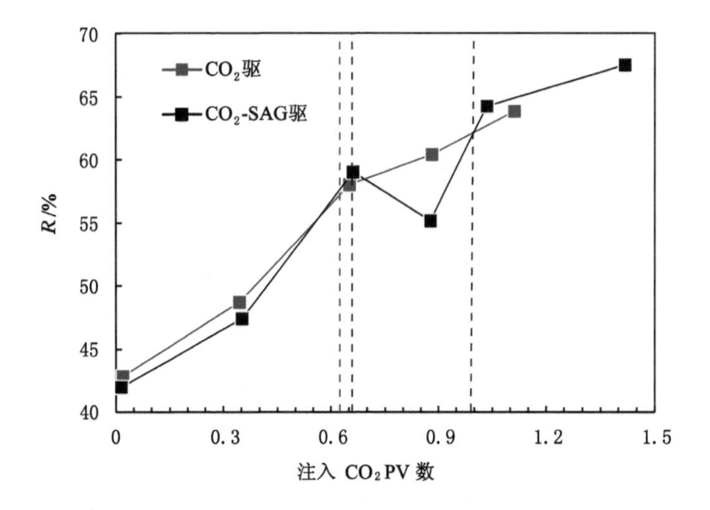

图 3-26　岩心出口处差压 Δp 占总差压的比例(虚线为 CO_2 突破)

连通性,测点之间初始压差相对较小,岩心中流体压力快速趋于一致,开始压力衰减过程,流体压力衰减至稳定后总压力衰减幅度为 5 MPa 左右。

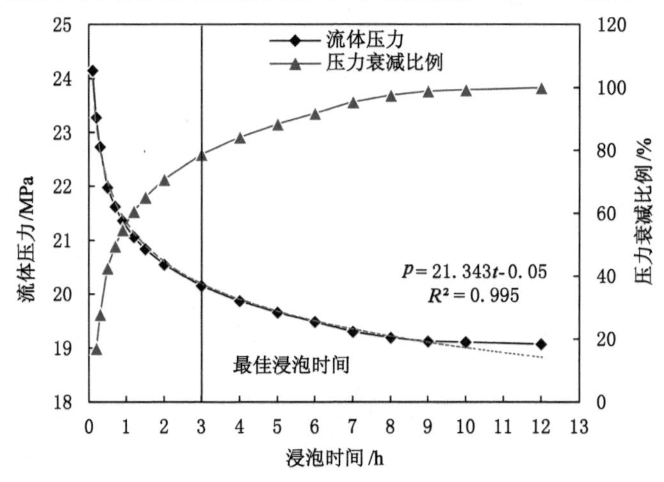

图 3-27　浸泡阶段岩心中流体压力衰减特征

初始时岩心内流体压力迅速下降,约 12 h 后达到稳定值(图 3-27)。该趋势源于两种过程:① 气体溶解过程,其中气体在油中的溶解受原油含气量控制;② 气体扩散过程,油中溶解的 CO_2 进入未充分溶解 CO_2 的油中。因此,随着更多的 CO_2 溶解在占据特定孔隙空间的油中,直到达到稳定状态,溶解过程的效率逐渐降低。实验前将岩心浸入盐水中老化,使岩心具有亲水性。驱替过程原油为非润湿相，分布在岩心较大的孔喉中央。注入的 CO_2 也是非润湿相，优先接触大孔隙和喉道中央的原油。浸泡初始阶段压力快速衰减是由于 CO_2 溶解在与之直接接触的原油中，而后来的衰减特征将取决于 CO_2 在油中的扩散。气体在油中扩散的速度相对缓慢，因此浸泡阶段压力衰减特征符合幂律函数趋势。

在图 3-27 中，在浸泡过程的第一个小时内，压力衰减了总压降的 57.6%，在前两个小时内衰减了 70.8%，在前三个小时内衰减了 78.8%。在此次驱替实验中，当压力衰减率变得小于 0.4 MPa/h 时，衰减压力超过 75%(3 h)，这意味着有足够的 CO_2 溶解到原油中，并且与原油有足够的相互作用时间，因此最佳浸泡时间可被认为是 3 h。应该注意的是，最佳浸泡时间的判断标准可能不适用于所有储层，需要根据实际储层的特征进行选择。

另外与短岩心 CO_2-SAG 驱替实验的最佳浸泡时间相比，短岩心($L<7$ cm)浸泡过程的压力衰减率和最佳浸泡时间值更短。这是由于在较大规模非均质多孔介质中浸泡过程开始时注入的 CO_2 和残余油的分布存在显著差异，导致孔隙中的流体分布达到新的平衡需要更长的时间。因此，最佳浸泡时间随多孔介质的尺度而变化，因此实际油田生产过程中的最佳浸泡时间预计会大于岩心驱替实验。

3.4.4　原油产出特征

表 3-11 给出了 CO_2 驱和 CO_2-SAG 驱原油采收率和累积 CO_2 换油比(采出油与注入 CO_2 的体积比，CO_2 体积为地层条件下的体积)。两次驱油实验在 CO_2 突破之前岩心出口端产油量相近。CO_2 驱过程中，CO_2 突破后原油采收率从 53.7% 增加到 61.8%。相比之下，CO_2-SAG 驱过程的浸泡后驱油阶段将原油采收率从 52.2%增加到 72.8%，提高了 20.6%。CO_2-SAG 驱替工艺的最终原油采收率比 CO_2 驱替工艺高出 11%。二次 CO_2 驱的 CO_2 换油比是 CO_2 突破后 CO_2 驱的 2 倍，这完全得益于浸泡过程。CO_2-SAG 驱最终 CO_2 换油比略高于 CO_2 驱，但总体有效 CO_2 驱过程较长，提高了可采油比例的上限。

表 3-11　CO_2 驱和 CO_2-SAG 驱原油采收率和 CO_2 换油比

驱替方式	原油采收率/%		CO_2 换油比/(cm^3/cm^3)		
	CO_2 突破前	驱替结束	CO_2 突破前	CO_2 突破后	驱替结束
CO_2 驱	53.7	61.8	0.54	0.082	0.322
CO_2-SAG 驱	52.2	72.8	0.52	0.167	0.341

CO_2 注入过程中累积原油采收率和生产气油比如图 3-28、图 3-29 所示。在 CO_2 驱过程中，累积原油采收率在 CO_2 突破之前迅速增加，生产气油比慢慢增加。产出气主要为注入 0.3 PV CO_2 前溶解在原油中的气体（生产气油比接近初始原油中溶解气的气油比），随后注入的 CO_2 随原油从出口产出，生产气油比增加迅速。CO_2 突破之后，原油产出非常少，此阶段 CO_2 对原油中轻质组分的萃取可以提高原油产量，但 CO_2 驱油效率很低，生产气油比较大。

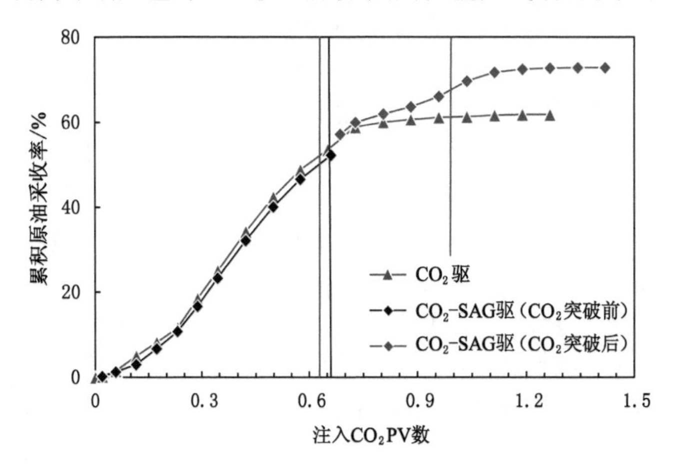

图 3-28 CO_2 驱和 CO_2-SAG 驱累积原油采收率（虚线为 CO_2 突破）

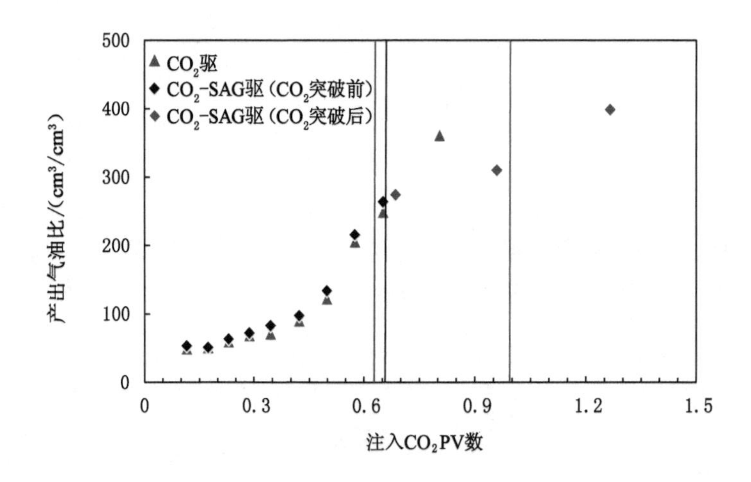

图 3-29 CO_2 驱和 CO_2-SAG 驱生产气油比

图 3-30 显示了两种驱替过程的 CO_2 换油率随注入 CO_2 体积的变化特征。正如预期的那样，这两个过程在突破前 CO_2 换油率表现出相同的变化趋势。CO_2 驱油效率增加缓慢，在 CO_2 突破前达到最大值，之后下降直至达到 CO_2 突破。在 CO_2 突破之后，两个驱替过程的 CO_2 换油率进一步下降，其中 CO_2 驱的 CO_2 换油率非常接近于零，这与该阶段极高的生产气油比一致。但 CO_2-SAG 驱过程 CO_2 换油率出现第二个峰值，表明 CO_2 驱油效率恢复，之后 CO_2 换油率再次下降，最终也下降到非常接近于零的水平。

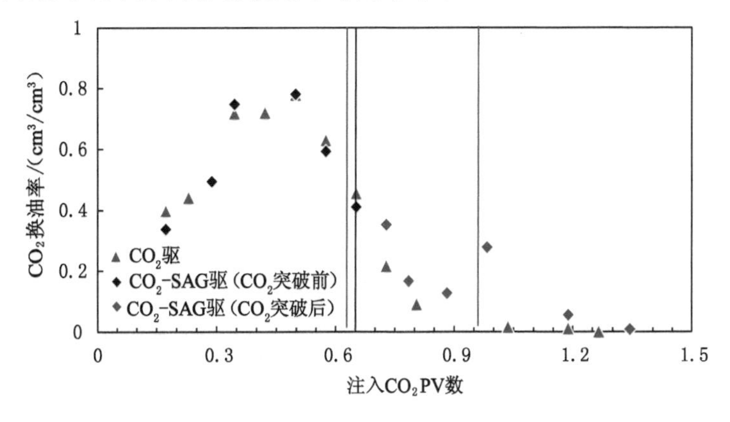

图 3-30 CO_2 驱和 CO_2-SAG 驱 CO_2 换油率

最初注入的 CO_2 导致岩心流体压力增加，驱替前缘向前推进，原油被驱出岩心。约 0.4 PV 的 CO_2 注入量之前，CO_2 通过置换的方法驱替原油。在此置换过程中，一些 CO_2 溶解在油中。CO_2 溶解有两个相互竞争的效果：一种是减少可用于置换石油的 CO_2 量，另一种是降低石油的黏度，使其更容易被驱替。然而，随着 CO_2 继续注入，CO_2 与原油界面处的油被 CO_2 饱和，从而缩短了 CO_2 溶解过程。在此期间，CO_2 换油率增加到其最高值，表明此时 CO_2 驱油效率最高。因此，CO_2 与原油界面的饱和度是通过注入 0.4 PV CO_2 实现的，并且两个竞争效应中的第一个占主导地位。从注入 0.4 PV CO_2 到突破，所生产的原油中 CO_2 浓度不断增加，因为这部分原油与注入的 CO_2 接触了足够长的时间，发生了显著的 CO_2 溶解和黏度降低。

此外，不断收集产出的原油并测试沥青质含量(图 3-31)。结果表明，CO_2 突破后采出油的沥青质含量逐渐下降，急剧下降至初始值的 16%。驱替实验初始阶段，产出原油中的沥青质含量接近初始值。这部分产出原油未与注入的 CO_2 接触，而是通过注入 CO_2 体积置换而产出。随后产出原油中 CO_2 浓度增加，导致岩心中沥青质沉淀增加，从而降低产出原油中的沥青质含量[53]。

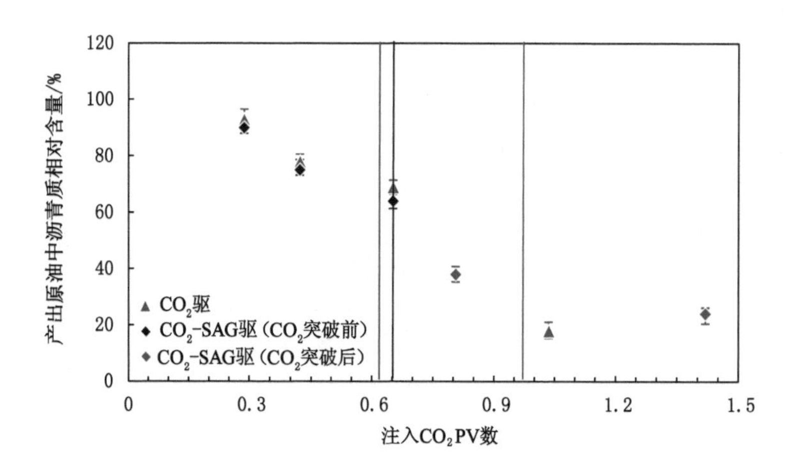

图 3-31　产出原油中的沥青质含量变化特征

在 CO_2 突破前，CO_2 驱和 CO_2-SAG 驱的累积原油采收率、生产气油比、CO_2 换油率和采出原油中的沥青质含量差异很小。CO_2 突破后差异开始显现，CO_2-SAG 驱浸泡阶段后注入 CO_2 进行二次 CO_2 驱累积原油采收率继续被有效提高。二次 CO_2 驱初期注入的 CO_2 主要用于提高岩心内流体压力，此时产油量小。当注入的 CO_2 量达到 0.88 PV 时，压差第二次达到最高点。产油率开始上升，但二次 CO_2 突破较快发生，产油率快速下降。与 CO_2 驱相比，CO_2-SAG 二次驱过程在注入相同 CO_2 体积的情况下，生产气油比相对较低。在第二次 CO_2 突破之后，CO_2-SAG 二次驱的生产气油比增加，高于 CO_2 驱结束时的生产气油比。此外，二次 CO_2 驱期间 CO_2 换油率也有显著的提高。这是由于该阶段低黏度、体积膨胀的残余油中 CO_2 浓度较高所致。然而，该值在第二次 CO_2 突破后也迅速下降。

CO_2-SAG 驱的二次 CO_2 驱油过程中产出原油中的沥青质含量仍然高于 CO_2 驱油过程，表明岩心中沉淀的沥青质较少。这是由于在 CO_2 驱过程中，CO_2 对被波及原油轻质组分的抽提作用对 CO_2 突破后的产油量贡献较大，这部分原油被反复提取，因此该部分采出油组分较轻，沥青质含量也较低，同时岩心内部沥青质沉淀只会影响小范围孔隙的结构[18]。

3.4.5　残余油分布

图 3-32 中 T_2 谱显示了驱替前和驱替后岩心 2、7 和 11 中的残余油分布。这些岩心分别位于长组合岩心的入口附近、中间和出口附近。根据 T_2 谱计算的所有短岩心原油采收率如图 3-33 所示。

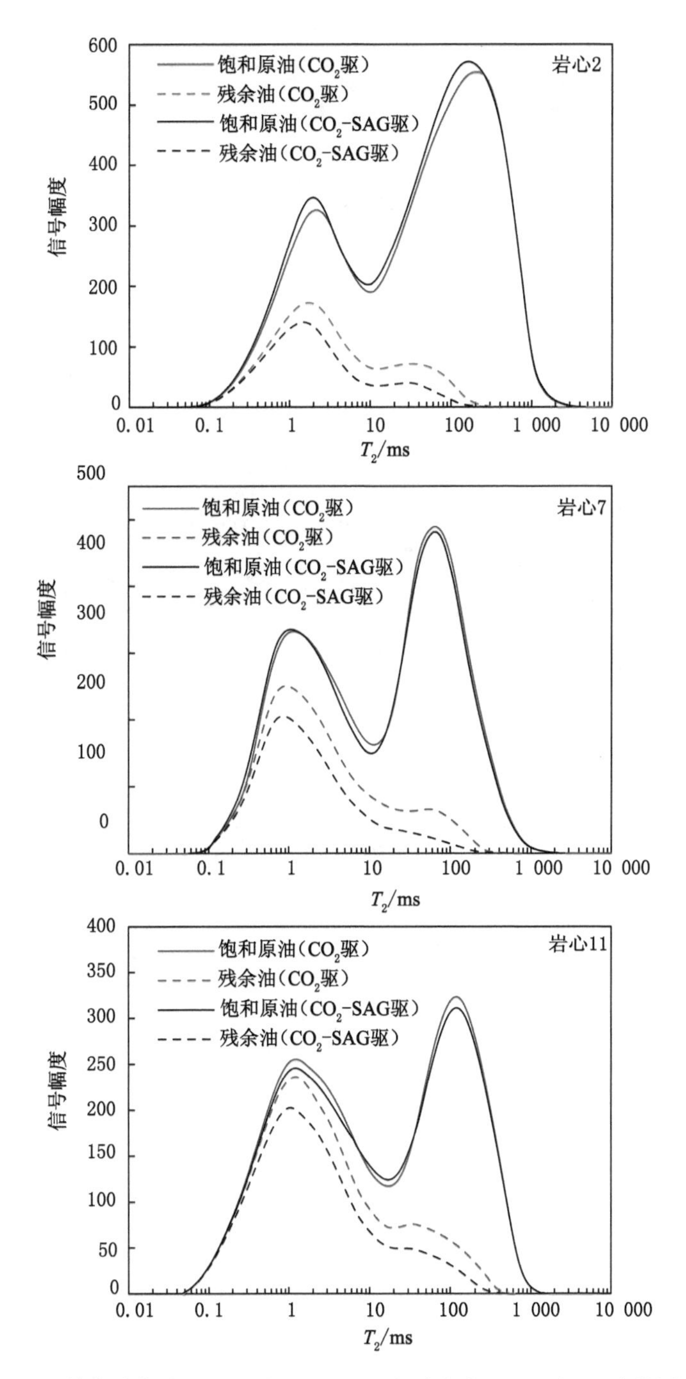

图 3-32　驱替实验前后 CO_2 驱和 CO_2-SAG 驱对应岩心 2、7 和 11 中的原油分布

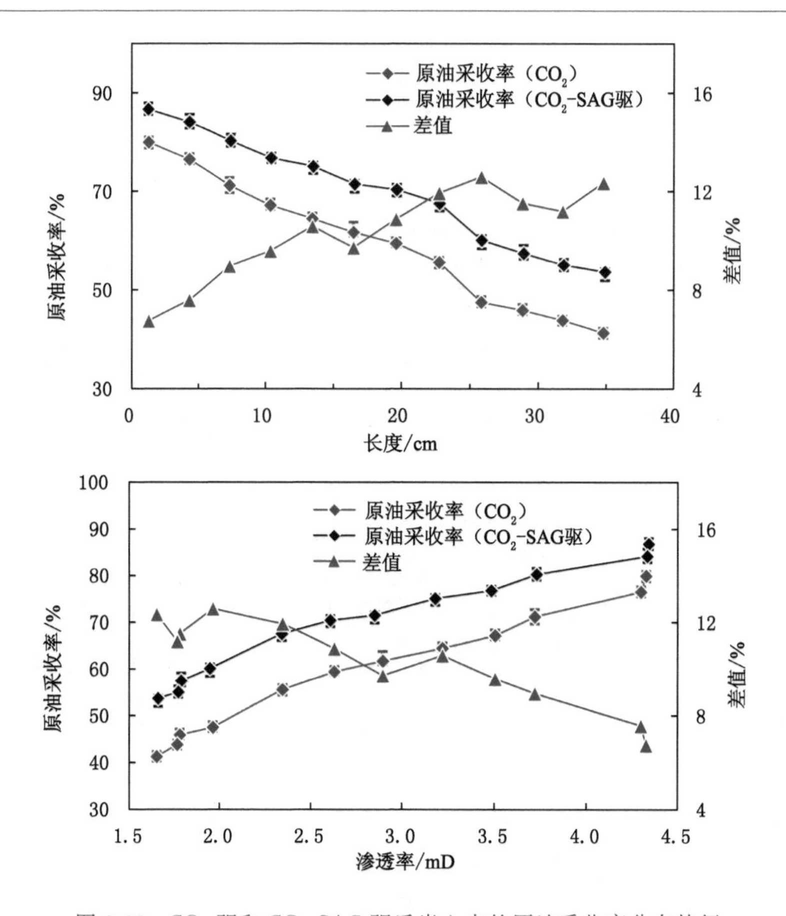

图 3-33　CO_2 驱和 CO_2-SAG 驱后岩心中的原油采收率分布特征

从图 3-32 中可以看出，岩心尺度越小的孔隙中残余油的比例越高。靠近注入端的岩心可动用原油对应孔隙半径下限较小。这可能是由于这些岩心孔喉连通性更好、CO_2-油相互作用时间更长、CO_2 传质效率高以及压力更高。因此，CO_2 可以进入岩心 2 中较小的孔隙，溶解并驱替原油。对于渗透率相近的岩心，CO_2-SAG 驱对应的该下限值小于 CO_2 驱。这是由于 CO_2 在较小孔隙中溶解到原油中需要更长的时间，浸泡过程弥补了这一不足，使残余油在岩心中膨胀和重新分布以达到新的平衡，削弱了 CO_2 突破通道，利于二次 CO_2 驱油。

图 3-33 显示每个短岩心的原油采收率沿着长组合岩心的 CO_2 注入方向降低，该分布趋势与两个相互关联的原因相关。首先，短岩心的原油采收率受其分布位置的影响，注入端的压力高于出口端，注入的 CO_2 沿注入方向不断溶解在原油中，使得注入端附近的原油中 CO_2 浓度更高，对 CO_2 驱油有利。其次，短岩

心的渗透率沿流动方向降低，而较低渗透率的岩心具有较小的孔喉尺寸或较差的连通性，导致CO_2驱油效率较差。此外，组合岩心注入端附近的岩心中被驱动的原油不断向出口端的岩心中补充，出口端岩心表现出较高的残余油饱和度。

比较同一位置岩心在CO_2驱和CO_2-SAG驱后原油采收率，CO_2-SAG驱后的原油采收率总是大于CO_2驱，其差值可视为原油采收率的提高程度。图3-33显示，在长岩心注入端短岩心的原油采收率的改善约为7%，在出口端渗透率较低的短岩心中逐渐增加到12%。该结果表明，CO_2-SAG驱油效果不仅在较大渗透率时明显优于CO_2驱，且对容易产生较多残余油的低渗透率岩石特别有效。浸泡过程更有利于低渗透率和高残余油饱和度岩石中原油采收率的提高，这归因于低渗透岩心有更大残余油饱和度导致的增产潜力，而且浸泡过程的设计会让CO_2充分接触这部分难以被动用的小孔隙中的原油。

图3-34显示了根据NMR测试的T_2谱计算的岩心2、7、11不同孔径范围孔隙中CO_2驱和CO_2-SAG驱后原油采收率差异。浸泡过程使不同渗透率和不同位置岩心不同大小孔隙的原油采收率得到不同程度的提高。三个岩心中等大小(1～100 ms)的孔隙增产幅度较大，最小孔隙(0.1～1 ms)和最大孔隙(100～1 000 ms)中驱油改善程度相对较小。大孔隙中原油采收率改善空间很小，因为这些孔隙中的原油已经通过一次CO_2驱替被有效清除。然而，根据短岩心位置，浸泡处理显著提高了5.2%～10.2%的原油采收率。原油采收率改善程度最高的是出口端的低渗短岩心。

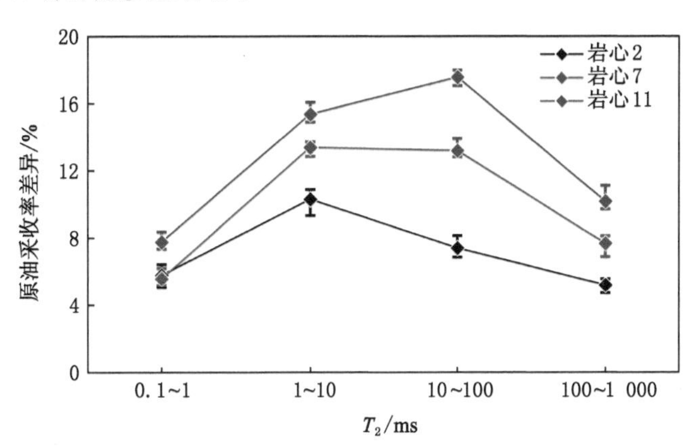

图3-34　CO_2驱和CO_2-SAG驱后短岩心2、7、11中不同尺寸范围孔隙中原油采收率差异

最小的孔隙(0.1～1 ms)原油采收率也有改善，然而改善程度有限(5.6%～7.8%)，因为这些孔非常小，以至于浸泡过程不足以让这部分原油被CO_2充分饱和。需要更长的浸泡时间使CO_2进入这些孔隙，但长时间的浸泡将导致CO_2

溶解在中孔和大孔的水中，使原本处于束缚状态的水变为可动水，减弱浸泡阶段对原油采收率提高的正面影响。在出口端低渗岩心中，小孔隙中原油采收率的改善效果更好，这可能是因为低渗岩心具有更大比例的小孔隙，存在更大原油采收率提高潜力的空间。

最大的原油采收率改善幅度发生在中等孔隙中(1～100 ms)。原因可能存在五个方面：① 与小孔隙相比，相对较大的孔隙尺度有利于注入的 CO_2 驱替原油；② 与大孔隙相比，相对较小的尺寸导致其中的原油被一次驱替过程中产生的 CO_2 气窜通道绕过，因为气窜通道将优先连接较大孔喉；③ 这部分被气窜通道绕过孔隙中的原油在一次 CO_2 驱替中与 CO_2 几乎没有接触；④ 在较短的浸泡时间内，CO_2 很容易进入中等大小的孔隙；⑤ 具有一定较好连通性的中等孔隙在浸泡后的二次 CO_2 驱替过程中是新的气窜通道，CO_2 将其中溶解了 CO_2 体积膨胀的残余油驱替至新的气窜通道中，进而由出口端产出。此外，由于在 CO_2 突破之后出口端的岩心 11 的所有尺寸孔隙中都有足够的残余油，因此岩心 11 所有尺寸范围的孔隙中原油采收率改善程度最高。对于现场而言，对于非均质储层，其中 CO_2-SAG 驱比其他 CO_2-EOR 方案具有明显优势。

3.5 非均质多层储层中 CO_2-SAG 混相驱油特征

大多数油藏由一系列不同厚度的储层组成，不同层储层物性存在一定差异，持续注入 CO_2 的驱替方式存在流动不稳定和黏性指进的问题，CO_2 突破首先发生在高渗层，并在该层位建立了气窜通道，导致低渗层中的大量原油被绕过，CO_2 波及体积较小。CO_2-SAG 驱油能一定程度抑制层间非均质性对 CO_2 驱油效果的负面影响；而 CO_2-SAG 驱油对多层油藏不同层位不同位置的采收率有不同程度的提高。前面已对不同孔喉结构储层中(3.3 节)及一维非均质储层中(3.4 节)CO_2-SAG 混相驱油特征开展研究的前提下，本节针对大尺度层间差异较大的非均质多层储层中 CO_2-SAG 混相驱油进行探究，CO_2-SAG 驱油和 CO_2 驱油实验在由三个具有不同孔隙度和渗透率的长岩心并行连接组成的多层系统中进行，研究 CO_2-SAG 驱油特征、最佳浸泡时间以及多层系统中驱油效果改善的分布特征，并与常规 CO_2 驱油效果对比，旨在对油田生产现场在管理非均质多层油藏生产时评估不同 CO_2 驱油方法的优缺点及风险提供支撑。

3.5.1 实验过程

(1) 实验所用岩心及处理

实验过程使用的人工长岩心(表 2-1 中 L1～L3、J1～J3)由不同粒径石英砂和环氧树脂压制而成(图 3-35)。长岩心为均质岩心,其任何位置的孔隙度和渗透率之间的差异分别在±1.2%和±1.1%范围内。三个具有不同渗透率和孔隙度的长岩心并联组合以代表具有不同渗透率的三个储层。

图 3-35　人工压制的均质长岩心

(2) 实验设备及过程

实验使用的岩心驱替实验流程如图 3-36 所示。三个长岩心夹持器水平放置、并联,以模拟非均质多层储层。分别将 CO_2、配置的活油、含 Mn^{2+} 的盐水以及普通盐水放入四个高温高压反应釜。将岩心夹持器和高温高压反应釜置于恒温箱中,调节至储层温度,加热 24 h,确保所有岩心夹持器和反应釜被均匀加热。使用 ISCO 注射泵将 CO_2、原油和盐水注入多层岩心系统中。围压泵用于施加恒定的围压。回压泵与回压阀控制多层岩心系统的出口端压力。气液分离器和流量计用于收集和测量从每个岩心产生的流体。使用计算机收集和记录压力和流量数据。

对岩心 L1、L2 和 L3 进行了储层条件(90 ℃、23 MPa)下岩心常规混相 CO_2 驱油实验:

① 将岩心 L1、L2 和 L3 清洁干燥后分别放置在岩心夹持器中。每个岩心分别抽真空 24 h,将含有 Mn^{2+} 的盐水分别注入每个岩心。然后将 30 PV 的原油分别注入岩心驱替盐水,在岩心内建立束缚水饱和度和初始含油饱和度。随后,将所有岩心夹持器静置 24 h,使岩心内流体在储层条件下达到平衡。

② 以 18 cm^3/h 恒定流量及注入压力向三个岩心中注入 CO_2。该注入量是根据油田现场注入量和前期实验得出的,在此流量下 CO_2 不会快速突破,且原油采收率较高。在相同的出口压力(23 MPa)下单独收集和测量来自每个岩心的产出液。当多层系统不再有原油产出时,停止注入 CO_2。

使用以下四个步骤对 J1、J2、J3 进行 CO_2-SAG 混相驱油实验。

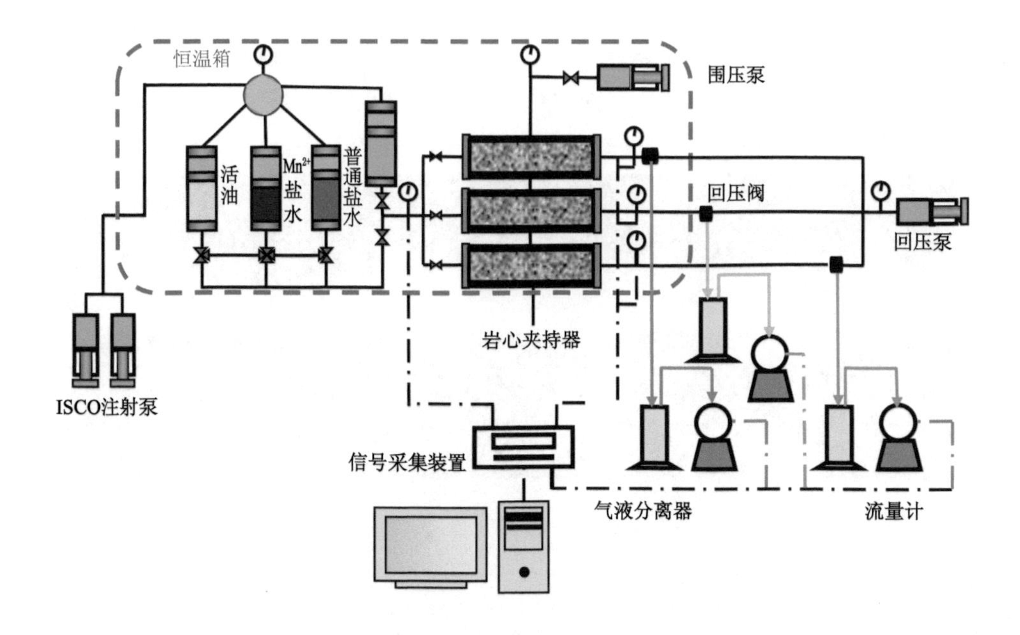

图 3-36 驱替实验流程示意图

③ 将岩心替换为 J1、J2、J3,重复步骤①。

④ 对岩心 J1、J2、J3 重复步骤②,一旦出现 CO_2 突破,就停止岩心驱替。此阶段为一次注 CO_2 驱。

⑤ 关闭三个岩心夹持器的所有注入和出口阀门,开始 CO_2 浸泡阶段。此关闭的时间长度是一个关键参数,将在本节后续进行讨论。

⑥ 重新打开注入和出口阀门,并像步骤④一样以 18 cm^3/h 的恒定流速重新开始向所有三个岩心注入 CO_2。二次注 CO_2 驱油一直持续到不再有原油产出为止。

在整个驱替过程中,对流体体积、注入压力和生产压力进行连续监测和记录,并测量所有产出油的沥青质含量。

(3) 驱替后测试

驱替结束后将所有长岩心分成 10 个相同长度的短岩心,对短岩心进行 NMR 测试,通过 T_2 谱分析得到剩余油分布。

首先,用正庚烷和甲醇清洁短岩心,去除驱替后岩心中残留的所有流体,留下堵塞孔喉及吸附在孔壁上的沥青质沉淀。干燥所有短岩心,测量其渗透率。该渗透率是受沥青质沉淀堵塞孔喉及吸附影响的渗透率。

需要注意的是,由于环己烷对沥青质溶解的非极性性质,环己烷反驱可以清除堵塞孔喉的沥青质。相比之下，使用甲苯的反向驱可以去除吸附在矿物表面上的沥青质。因此，对岩心再次实施环己烷的反向驱（流速为 30 cm^3/h，直至获得稳定的压差）以测量沥青质沉淀堵塞孔隙和孔喉而产生的储层损害程度。反向驱替结果表明，所有岩心孔喉的沥青质堵塞被有效清除。

然后，清洗干燥岩心，从而测试与沥青质孔喉堵塞相关的渗透率下降幅度。

最后，对岩心进行甲苯反向驱，以去除环己烷无法去除的吸附状态的沥青质沉淀。再次清洗岩心，重新测量渗透率以获得由于沥青质直接吸附到矿物表面而导致的渗透率下降幅度。

3.5.2　驱替压差

图 3-37 表明，在 CO_2 突破之前持续注入 CO_2 期间，CO_2 驱和 CO_2-SAG 驱压差（Δp）的动态变化趋势非常相似。这归因于构成三层系统的两组岩心相近的物性，并表明相似的岩石物性特征导致在实验开始时和在一次 CO_2 驱油过程中流体分布相似。

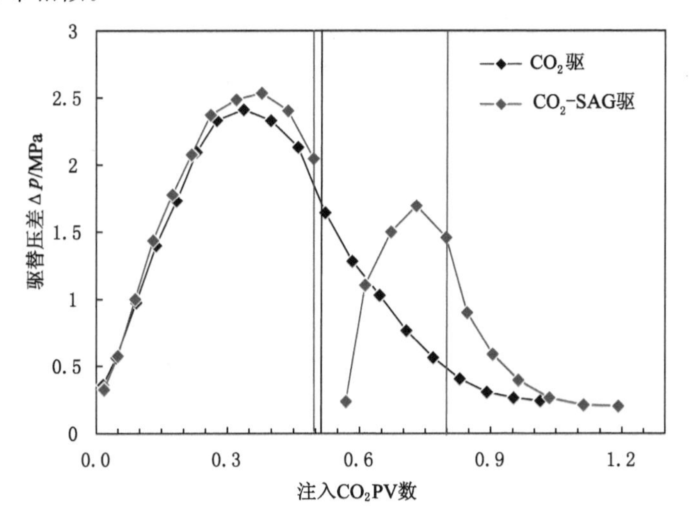

图 3-37　CO_2 驱和 CO_2-SAG 驱测得的压差（虚线表示 CO_2 突破）

CO_2-SAG 驱过程中，在 CO_2 突破（CO_2 注入 0.49 PV 后发生）后开始 CO_2 浸泡阶段，然后进行二次 CO_2 驱（至 1.2 PV）。在 CO_2 浸泡阶段，一次驱替时与 CO_2 没有充分相互作用的原油有机会溶解 CO_2，残余油原油体积膨胀，黏度降低，在孔隙内重新分布。一次 CO_2 驱油形成的气窜通道中的原油饱和度增加。因此，在注入相同 CO_2 体积的情况下，CO_2-SAG 二次驱的驱替阻力大于 CO_2 驱，但小于 CO_2 突破前。由于二次驱替岩石中含气饱和度较高、原油黏度较低，二次 CO_2 突破较快发生。值得注意的是，在 CO_2 驱和 CO_2-SAG 驱过程中，CO_2 突破只发生在高渗层。中、低渗层无明显 CO_2 突破，其 CO_2 驱前缘未推进到出口端。

3.5.3 CO_2 浸泡过程压力衰减

图 3-38 显示，一旦 CO_2 浸泡过程开始，岩心流体压力迅速下降，并逐渐变慢。压力-时间曲线可以用幂律近似。其最佳浸泡时间 T_c 位于压力衰减的拐点。本次实验的结果中，当岩心 J3 的压力衰减速率低于 1 MPa/h 时（J3 的压力衰减是三个岩心中最慢的），$T_c=2$ h。

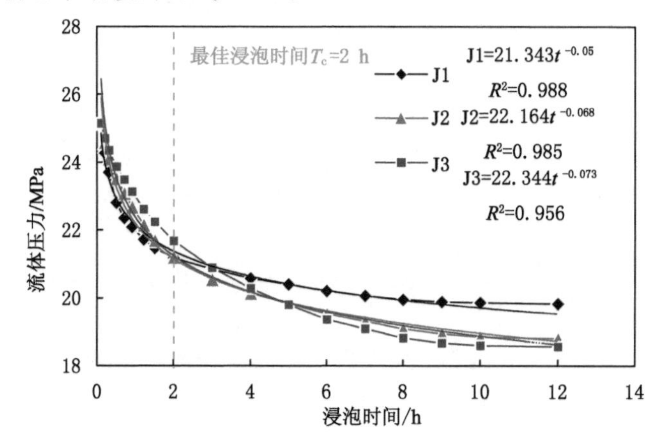

图 3-38 浸泡阶段岩心中流体压力衰减特征

渗透率越大，压力衰减率越大。这是由于浸泡阶段开始时高渗岩心残余油较少，以及 CO_2 饱和度越高，CO_2 与岩心中原油的接触面积越大，且孔隙之间的连通性越好，CO_2 在高渗岩心原油中的扩散越快。相比之下，较低的岩心渗透率是较差的孔隙连通性的表征，这会降低压力衰减速率和最终平衡压力，并导致更大的 T_c 值。这种情况表明较低渗透率的岩心需要更长的浸泡时间才能使该过程有效。

3.5.4 原油产出特征

图 3-39 和表 3-12 表明，直到 CO_2 突破，CO_2 驱和 CO_2-SAG 驱过程中原油的产出动态具有相似的特征。随着 CO_2 的注入，高渗层的原油采收率最高，且增加最快。高渗层产油贡献率（各层产油量占总产油量的百分比）最大，并逐渐增加，而中、低渗层产油贡献率逐渐减小。这是因为高渗层毛细管阻力最小，CO_2 驱油的阻力最小，导致高渗层驱替前缘推进较快，驱替阻力进一步减小。渗透率越小的层，流动阻力越大。

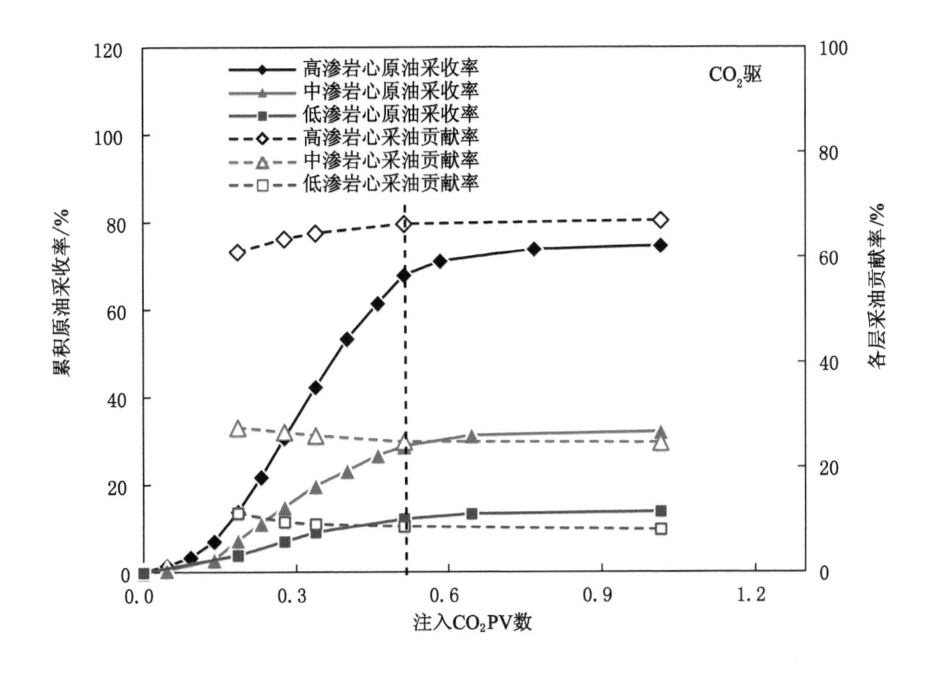

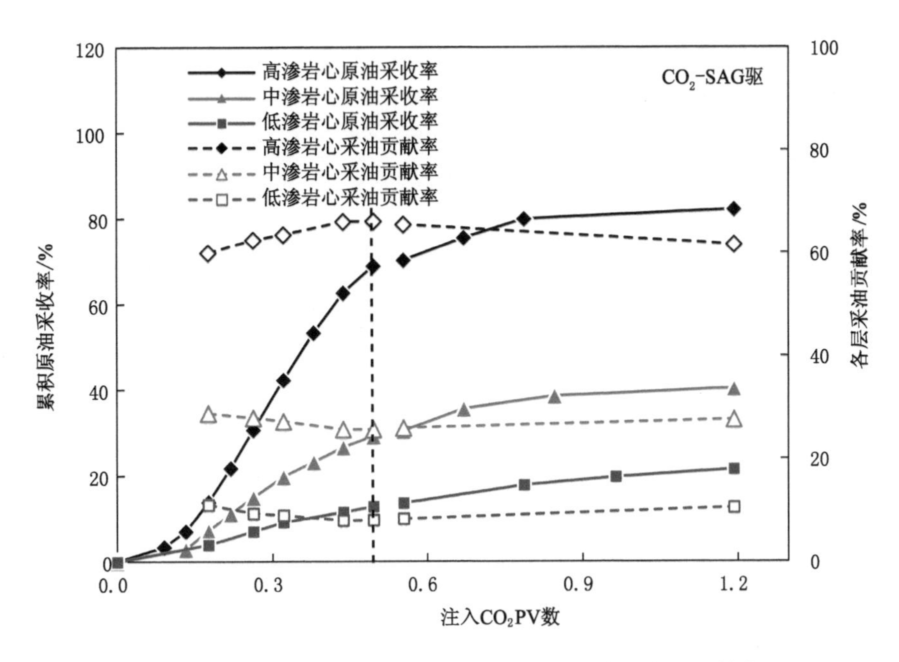

图 3-39 高、中、低渗长岩心的累积原油采收率和产油贡献率

值得注意的是，各层产油贡献率的比值(67 ∶ 25 ∶ 8)与初始渗透率的比值(75 ∶ 52 ∶ 26)之间存在较大差异，表明即使初始渗透率差异较小，也会导致产油贡献率的巨大差异。也就是说，初始渗透率差异对原油产出效果的影响在注入 CO_2 时被放大了。CO_2 驱过程中，CO_2 突破后，高、中、低渗岩心的原油采收率增加很少(分别增加 6.8%、3.4%和 1.7%)，即使在持续注入大量 CO_2 之后也是如此(表 3-12)。CO_2 突破后的产油主要来自高渗层，此时的原油产出主要依靠 CO_2 抽提原油中的轻质组分，CO_2 的利用效率很低。

表 3-12　每个长岩芯的原油采收率(RF)和产油贡献率(FOP)

驱替方式	时间	原油采收率/%			产油贡献率/%		
		高渗	中渗	低渗	高渗	中渗	低渗
CO_2 驱	CO_2 突破时	67.8	28.8	12.2	66.4	24.9	8.7
	驱替结束	74.6	32.2	13.9	67	24.8	8.2
	$\Delta RF_1/\Delta FOP_1$	6.8	3.4	1.7	0.6	-0.1	-0.5
CO_2-SAG 驱	CO_2 突破时	68.9	29.4	12.9	66.2	25.7	8.1
	驱替结束	82.2	40.5	21.6	61.6	27.7	10.6
	$\Delta RF_1/\Delta FOP_1$	13.3	11.1	8.7	-4.6	2	2.5
对比	$\Delta RF/\Delta FOP$	7.6	8.3	7.7	-5.4	2.9	2.4

注：ΔRF_1＝驱替结束时的原油采收率－CO_2 突破时的原油采收率；ΔFOP_1＝驱替结束时的产油贡献率－CO_2 突破时的产油贡献率；ΔRF＝驱替结束时的原油采收率(CO_2-SAG 驱)－驱替结束时的原油采收率(CO_2 驱)；ΔFOP ＝驱替结束时的产油贡献率(CO_2-SAG 驱)－驱油结束时的产油贡献率(CO_2 驱)。

在 CO_2-SAG 驱浸泡阶段后的二次驱过程中，各层的累积原油采收率不断增加，增加的原油采收率分别为 13.3%、11.1%和 8.7%。与 CO_2 驱相比，中、低渗岩心的产油量提高幅度较大，CO_2 突破后各层产油贡献率也有所提高。这是由于浸泡阶段缓解了中、低渗层 CO_2 与原油接触不充分的问题。特别是高渗层在浸泡阶段后的产油改善效果最好，但产油贡献率降低，表明 CO_2-SAG 驱不仅有效提高了整体多层系统的原油采收率，而且还可以有效提高中、低渗层的产油量及产油贡献率，减少因初始渗透率不同造成的各层产油差异。

此外，CO_2-SAG 驱各层的最终原油采收率分别比 CO_2 驱高 7.6%、8.3%和 7.7%，即：无论其岩石物性如何，所有层的原油产出改善程度大致相同，且各长岩心产油贡献率相差相对较小，表明在不同渗透率的多层储层中，CO_2-SAG 驱油效果普遍优于 CO_2 驱油，有助于挖掘中、低渗层的产油潜力。

图 3-40 显示了 CO_2 驱和 CO_2-SAG 驱过程中流体的动态特征，注入的 CO_2 从左向右流动，该图不包括由于沥青质沉淀或孔隙堵塞引起的流场变化。实验

前岩石进行了老化，润湿性为亲水。将原油分为可动油和圈闭油，分别对应可以被驱替的原油和不能被驱替的原油。其中，可动油是指在正常 CO_2 驱油条件下可移动的原油。这意味着驱替过程中的流体压差大于孔隙中的毛细管压力，并进一步意味着在较大孔隙中的原油为可动原油的概率大，并且这些孔隙还通过较大的喉道相连。相比之下，圈闭油是指占据较小孔隙或仅由小孔喉连通的孔隙中的原油，驱替后为残余油的概率高。驱替过程中这部分原油受到毛细管压力的控制，通常毛细管压力较高，无法通过常规 CO_2 驱替而移动。

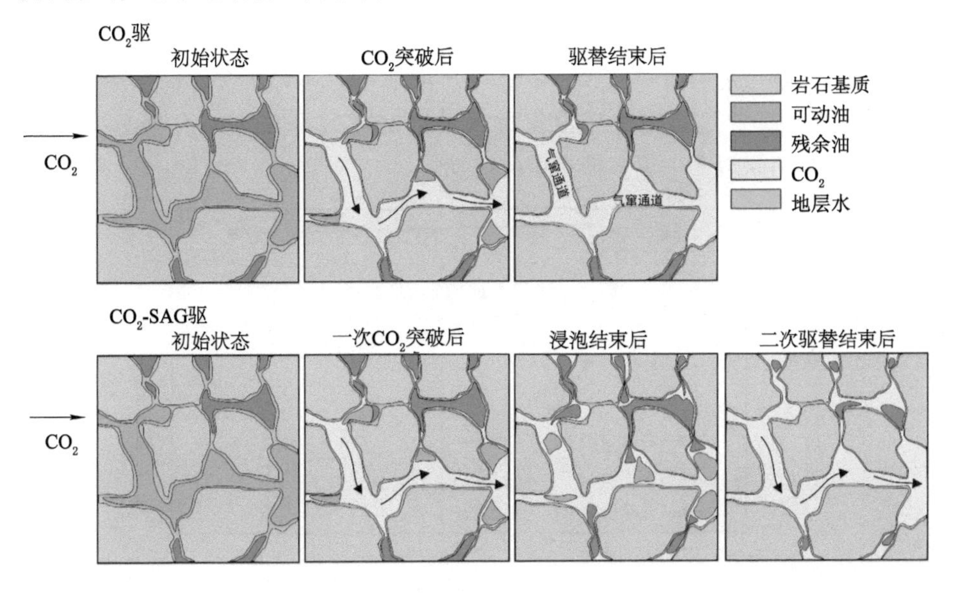

图 3-40　使用微结构/微流体模型说明的 CO_2 驱油和 CO_2-SAG 驱油过程特征

在 CO_2 驱油过程中，注入的 CO_2 不是润湿相，优先进入较低毛细管压力的孔隙中驱替原油。由于 CO_2 的密度和黏度比油或水低得多，因此它能够进入小孔隙中，即使无法将原油从孔隙中置换驱替出来，但是其与原油接触溶解于原油中也能引起原油膨胀。当 CO_2 突破时，存在三种状态：① CO_2 已经置换了大孔隙中大部分可动原油；② 驱替路径中是 CO_2，并且该气窜通道具有高的渗透性，使注入的 CO_2 绕过了其余部分原油；③ 存在少量残余的可动油，其能否产出取决于驱替压力和毛细管压力之间的平衡。如果突破后继续进行 CO_2 驱油，那么这部分原油大概率可以产出。

在 CO_2-SAG 驱油过程中，直到 CO_2 突破前，情况与 CO_2 驱油基本相同。在浸泡过程中，剩余的可动原油和被圈闭的原油会发生两次变化过程。首先，随着 CO_2 溶解在原油中，导致原油体积膨胀，部分剩余油在二次驱油过程中将被驱出。其次，将 CO_2 溶解在油中也会进一步降低原油的黏度，使其流动性更强。这两种作用的结果将导致剩余的可动油和一些圈闭油挤向入高渗气窜通道。此外混相效应对原油采收率的促进作用需要一定的时间和空间使 CO_2 与原油充分相互作用，浸泡阶段提供了更长的相互作用时间，使二次 CO_2 驱出这部分浸泡阶段转变为可动油的残余油。

CO_2 突破前产出原油中沥青质含量迅速下降，如图 3-41 所示，由于这部分原油几乎没有与注入的 CO_2 接触，初期产出油中的沥青质含量保持在初始值的 90%。随着驱替前缘的推进，原油中溶解的 CO_2 增加，导致岩心中的沥青质沉淀增加，产出油中的沥青质减少。浸泡后产出油中的沥青质含量低于注入相同 CO_2 量的情况。这可能是由于浸泡过程中溶解在残余油中的大量 CO_2 导致 CO_2-SAG 驱期间岩心中更多沥青质的沉淀。

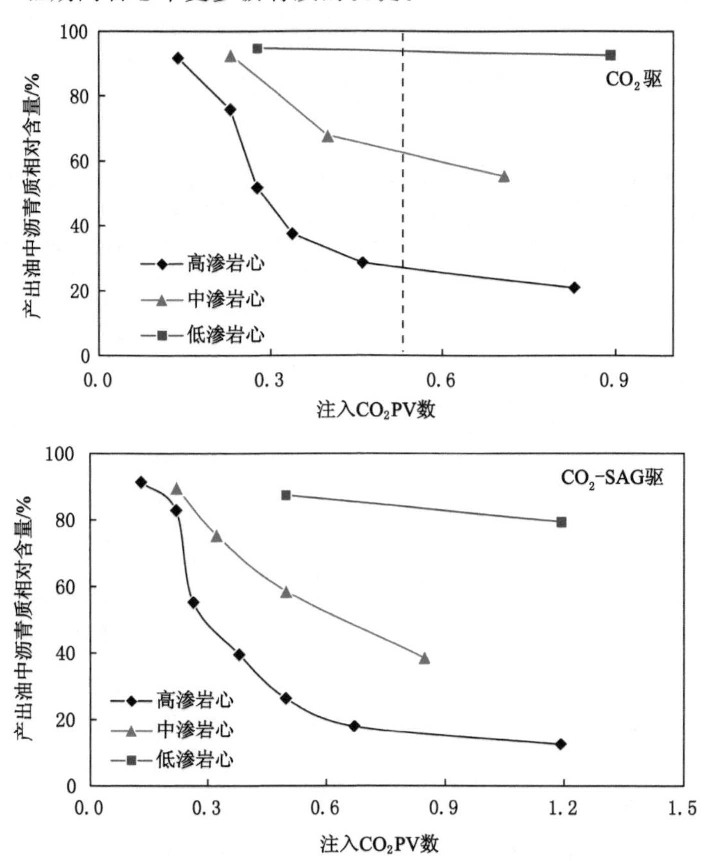

图 3-41　CO_2 驱和 CO_2-SAG 驱产出油中的沥青质相对含量

3.5.5　残余油分布

根据产出油量以及 NMR 测试的 T_2 谱中饱和油量和残余油信号幅值的总强度计算长岩心不同位置岩石的原油采收率(图 3-42)。CO_2 驱后高渗岩心中的原油采收率沿注入方向缓慢下降。然而,向中渗岩心中部($L=22\sim27$ cm)的原油采收率变化较大,将沿注入方向的原油采收率分布曲线分为两部分,这可能是由于驱替前缘停留在该部分岩石,而不是通过黏性指进推进到驱替末端的出

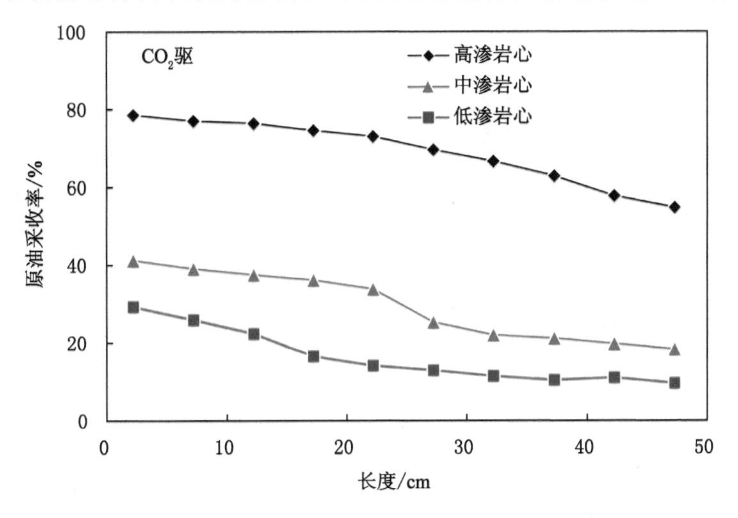

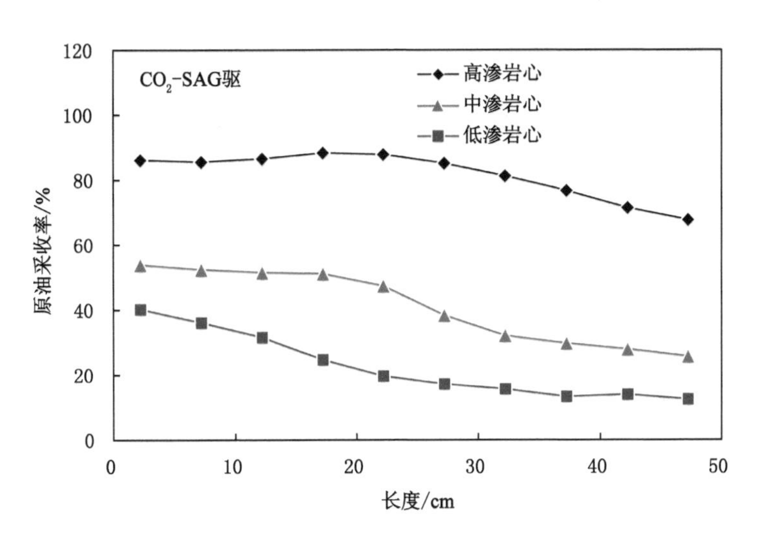

图 3-42　岩心中原油采收率分布特征

口，未产生显著的气窜通道。在低渗透长岩心 $L=12\sim17$cm 处也出现了同样的特征，但变化幅度较小。对于中、低渗岩心，岩心后半部分的原油采收率变化不大，说明 $L>17$ cm 的岩心中的原油不是由 CO_2 直接驱动的。与中渗长岩心相比，低渗长岩心的驱替前沿更靠近注入端。

对于 CO_2-SAG 驱，每个长岩心中的原油采收率大于 CO_2 驱，曲线大幅变化也出现在高渗层（$L=17\sim32$ cm）。然而，浸泡阶段使这种变化变得平缓，但总变化幅度变大。高渗岩心中原油采收率分布有两种趋势：注入端岩石的原油采收率分布相对均匀，变化很小；相比之下，出口端附近的原油采收率沿注入方向呈现明显的下降趋势。

将 CO_2 驱后相同渗透率岩心驱替前缘位置与 CO_2-SAG 驱后驱替前缘位置对比可知，浸泡阶段二次 CO_2 驱过程中、低渗层驱替前缘并没有明显推进，浸泡并没有显著扩大 CO_2 波及体积，只是增强了 CO_2 突破前已被 CO_2 波及的岩心孔隙中的 CO_2 驱油效果。

CO_2 驱和 CO_2-SAG 驱最终原油采收率差异（ΔRF）分布如图 3-43 所示，ΔRF 的值表示与传统的 CO_2 驱相比 CO_2-SAG 驱改善驱油效果的程度。对于高渗透长岩心，沿注入方向驱油效果改善幅度逐渐增加，岩心中间达到最大值（$L=27$ cm），然后略有下降。浸泡阶段对 CO_2 驱油效果的改善受两个主要因素控制：① 浸泡阶段开始时的残余油饱和度；② 浸泡阶段开始时滞留在孔隙中的 CO_2 的量及其分布。

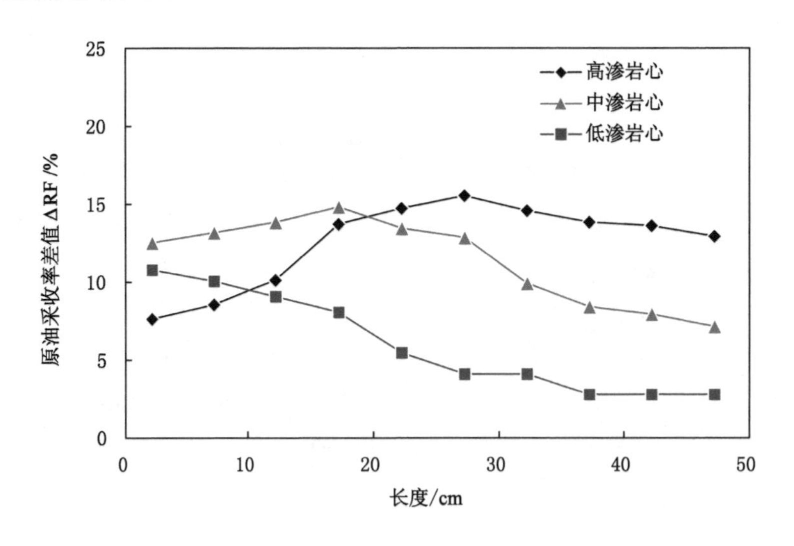

图 3-43　CO_2 驱和 CO_2-SAG 驱最终原油采收率差异

靠近注入端的岩石中滞留的 CO_2 饱和度较高，但该区域的原油在一次驱替时已被有效驱出（至少对于高渗岩心而言），残余油饱和度较低。因此，浸泡过程有效的范围较小，这导致高渗岩心的原油产出改善只有 7.6%。然而，中、低渗透率岩心存在更多的残余油，这导致原油采收率有较大提高，分别为 12.6%、10.8%。中渗岩心中原油产出改善幅度优于低渗透率岩心，因为中渗岩心可以接触到更多的 CO_2。

浸泡阶段开始时的残余油饱和度沿注入方向逐渐增加，但浸泡开始时滞留的 CO_2 量逐渐减少。因此，高渗和中渗长岩心的中间部分显示出最好的原油产出改善，分别为 14.8%、15.5%。低渗岩心的原油产出没有表现出这种行为，因为其低渗透率反映了这样一个事实：其孔隙足够小，即使在一次驱替后保留了大量残余油，但浸泡阶段几乎没有 CO_2 能够与这部分残余油有效接触，不能转变为可动原油。

ΔRF 的值在出口端附近的岩石中再次下降，反映出这部分岩石孔隙中虽然残余油饱和度高，但 CO_2 饱和度低。在此范围内，三个不同渗透率的长岩心之间原油产出改善幅度存在较大差异，高渗透长岩心中改善最大，为 12.96%。

总之，浸泡阶段提高了不同渗透率长岩心所有位置的岩石的原油采收率，但最好的产油改善是在中、高渗岩心的中部（改善幅度为 15%左右）和中、低渗岩心的出口端（改善幅度为 12%左右）。

3.6　本章小结

① 在渗透率比为 1∶11.6∶108 的强非均质多层系统中进行了 CO_2 和 CO_2-WAG 驱油实验，对比了各层 CO_2 驱油特征和剩余油的分布。在 CO_2 驱过程中，平均驱替压差低于 CO_2-WAG 驱，且只有高渗透层具有明显的 CO_2 突破，而 CO_2-WAG 驱可以延缓多层系统中 CO_2 突破。CO_2 驱后整个系统 91.4%的油和 99%的气产量来自高渗层，中、低渗层中未被动用的原油比例分别高达 94.2%和 98%。CO_2-WAG 驱后中、低渗层的产油贡献分别达到 17.1%和 3.8%，减弱了各层油气产量贡献的差异，同时也改善了 CO_2 在各层中的驱油效果，高、中、低渗层采收率比 CO_2 驱后高 22.23%、16.5%和 6.4%。

② 对 4 块渗透率相似但孔喉结构不同的岩心进行了混相和非混相的 CO_2 驱油实验，探讨了 CO_2 驱油过程中岩心孔喉结构对原油采收率和剩余油分布的影响。首先基于孔隙半径分布和压汞曲线，通过分形理论对岩心孔喉结构特征进行了定量评估。研究发现，在原油采收率方面，混相驱替比非混相驱替高

12%～17%，孔喉结构均质岩心比非均质岩心高 18%～27%。相同驱替条件下，剩余油与岩心孔喉结构分形维数成正比。在非混相条件下，岩心孔喉结构对岩心原油采收率影响更显著。

③ 在混相 CO_2 驱油实验后，对 4 块岩心进行了 CO_2-SAG 驱油实验，分析对比了 CO_2 驱与 CO_2-SAG 驱在提高原油采收率和剩余油分布方面的差异，同时评估了孔喉结构对 CO_2-SAG 驱油效果的影响。研究发现，CO_2-SAG 驱油的原油采收率为 53%～71%，比 CO_2 驱油高 8%～14%。岩心孔喉结构的非均质性越强，CO_2 浸泡后二次 CO_2 驱替的原油采收率的增加幅度越大。因此，注入 CO_2-SAG 可以更有效地改善孔喉结构较差的储层原油采收率。在岩心的 CO_2 浸泡阶段，压力大约需要 5 h 才能进入平稳衰减。孔喉结构越均质，初始快速压力衰减率越大，且最终压力越高。结束 CO_2 浸泡阶段的最佳时间约为 80～135 min，与分形维数呈线性关系。

④ 沿流动方向渗透率递减的非均质长岩心中，CO_2-SAG 驱过程二次驱替有效驱油压差维持时间较短。出口处低渗透岩心消耗的压差占总压差的 40%～70%。CO_2-SAG 驱后总采收率为 72.8%，比 CO_2 驱高 11.0%。长岩心中岩石原油采收率沿 CO_2 流动方向减小，CO_2-SAG 驱后岩心原油采收率为 53.7%～86.7%，而 CO_2 驱为 41.3%～79.9%。与 CO_2 驱相比，浸泡过程对长岩心中间和出口端的岩石中原油采收率改善程度最高，沿着注入方向增加。这归因于 CO_2 突破后这部分渗透率相对较低的岩石中残余油饱和度较高，而浸泡过程使原油与 CO_2 之间的相互作用更充分。对非均质储层，CO_2-SAG 驱能有效提高原油采收率，且注入 CO_2 的利用效率更高。

⑤ 由不同渗透率长岩心组成的多层系统中，CO_2-SAG 驱后高、中、低渗长岩心综合采收率分别比常规 CO_2 驱提高 7.6%、8.3%、7.7%。CO_2-SAG 驱后高、中、低渗长岩心的产油贡献率分别为 61.6%、27.7%、10.6%，各岩心之间的差异小于常规 CO_2 驱。中、低渗长岩心由于浸泡阶段驱替前缘没有明显向出口端推进，CO_2 波及体积没有明显扩大，只是增强了 CO_2 突破前已被 CO_2 波及的孔隙中 CO_2 的驱油效果。

第 4 章 低渗储层注 CO_2 驱油后储层物性变化

油藏储层注入 CO_2 驱油过程中，当 CO_2 溶于地层原油时会触发沥青质沉淀析出并絮凝成沥青质颗粒，沥青质颗粒在驱替过程中随着流体运移，在喉道处被捕获或吸附在孔隙壁面上，导致孔隙和喉部被堵塞[23,72]，特别是对孔喉结构细小的低渗储层，会造成明显的渗透率下降，孔隙壁面的润湿性也会发生变化，最终影响 CO_2 驱油效果及残余油的分布。另外，CO_2 溶于地层水形成碳酸，CO_2-地层水-岩石相互作用引起的地层水离子浓度和 pH 值的变化会导致碳酸盐矿物沉淀，同时也会造成岩石中矿物的溶蚀[107]，改变岩石孔喉结构。沥青质沉淀和无机沉淀规律受到储层物性特征和注入 CO_2 方式的影响。本章对第 3 章中的驱油实验结束后岩心物性变化进行分析，研究了储层非均质性、岩石孔喉结构及 CO_2 驱油方式对储层孔喉堵塞及润湿性变化的影响。

4.1 强层间非均质储层中 CO_2 驱替方式对储层物性变化的影响

在强层间非均质性多层储层中，驱替过程中流体在不同渗透率储层中的分布差异较大[108]，不同的驱替方式也会增加这种复杂性[74]，使得预测储层伤害更加困难。沥青质沉淀和 CO_2-地层水-岩石相互作用对岩石孔隙结构破坏的协同效应以及差异使不同渗透率储层物性变化规律更加复杂。本节针对第 3 章的强非均质多层系统中的 CO_2 和 CO_2-WAG 驱油实验后有机和无机沉淀引起的储层物性变化进行了对比。

为了获得并区分有机沉淀（沥青质沉淀）和无机相互作用（CO_2-地层水-岩石相互作用）引起的岩石物性伤害，实验后采用了一种改进的岩心清洗方法来清洗岩心。由于沥青质可溶于芳烃但不溶于烷烃，而原油中的其他成分可与正庚烷充分混合[58]，因此首先使用正庚烷除去驱替后岩心中剩余的流体而保留孔隙喉道中的沥青质沉淀，干燥后测得由沥青质沉淀和 CO_2-地层水-岩石相互作用共同影响的岩心渗透率和孔隙度。最后用甲苯+乙醇清洗岩心，除去沥青质沉淀，干燥后测得岩心仅受 CO_2-地层水-岩石相互作用影响的渗透率和孔隙度[76]。

4.1.1 CO_2 和 CO_2-WAG 驱后渗透率下降差异

驱油实验后岩心的渗透率和孔隙度变化见表 4-1。所有岩心的渗透率显示出不同程度的下降，且在同一组实验中初始渗透率越大，渗透率下降幅度越大。CO_2-WAG 驱替后岩心渗透率下降幅度普遍高于 CO_2 驱。然而所有岩心的孔隙度变化幅度在 1%～3.9%之间，小于渗透率降低的程度。

表 4-1 驱替实验前后岩心的渗透率和孔隙度变化

驱替方式	岩心编号	K_b/mD	K_a/mD	$1-\frac{K_a}{K_b}$/%	Φ_b/%	Φ_a/%	$1-\frac{\Phi_a}{\Phi_b}$/%
CO_2-WAG 驱	Y1-1	0.58	0.54	6.87	10.61	10.26	3.30
	Y2-1	6.78	5.64	16.81	16.69	16.21	2.88
	Y3-1	63.6	44.9	29.40	19.98	19.21	3.85
CO_2 驱	Y1-2	0.59	0.58	1.85	10.68	10.57	1.03
	Y2-2	6.92	6.48	6.36	16.87	16.42	2.67
	Y3-2	64.1	53.8	16.07	19.85	19.43	2.12

注：K_b—驱替前岩心初始渗透率；K_a—驱替后岩心初始渗透率；Φ_b—驱替前岩心初始孔隙度；Φ_a—驱替后岩心初始孔隙度。

沥青质沉淀和 CO_2-地层水-岩石相互作用共同引起的岩石孔喉的堵塞导致了驱替实验后岩心渗透率的显著下降和岩心孔隙度的轻微下降。对于本次实验中的原油，当 CO_2 注入岩心且溶入原油浓度达到 20 mol%时，沥青质开始从原油中沉淀出来并聚集成沥青质颗粒，这些颗粒吸附在岩石的孔壁上或在驱替过程中在喉道被捕获。此外，CO_2-地层水-岩石相互作用导致碳酸盐矿物的溶解和岩石中黏土矿物结构的破坏。碳酸盐沉淀是由于 pH 值的变化和岩心中流体金属离子的浓度变化引发的，并且黏土碎片因结构不稳定而被释放（CO_2-地层水-岩石相互作用对岩石孔喉结构的影响见第 5 章）[109]。由于喉道是控制岩石渗透率的关键因素，而孔隙决定岩石的孔隙度，因此上述过程产生的可动颗粒在驱替过程中导致岩石的孔隙和喉部的堵塞（图 4-1），对岩石渗透率造成明显的损害，但对孔隙度影响很小。

4.1.2 层间非均质性的影响

由于不同渗透率的岩心被并联驱替，注入高渗岩心的流体体积要大于渗透

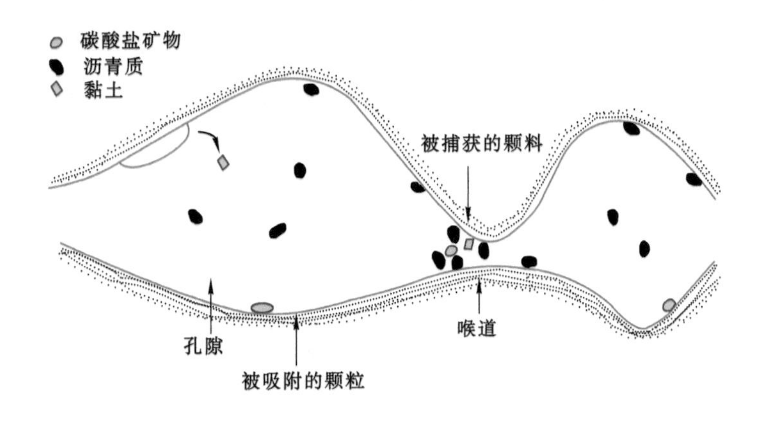

图 4-1　颗粒堵塞的孔隙和喉部的示意图

率较低的岩心，这意味着在高渗岩心中原油和岩心中的矿物能接触更多注入的流体（CO_2 或盐水），流体-流体、流体-岩石之间的相互作用更充分，产生更多的有机（无机）沉淀和可移动的黏土颗粒。此外，大量的流体流过岩心，由流体携带的颗粒在喉道被捕获的概率更高，增强了多孔介质对流体中颗粒的过滤作用[110-111]。所以在一组驱替实验中，更多的喉道堵塞导致高渗岩心的渗透率降低更多。在相同驱替压差下，初始渗透率与流过岩心流体体积成正比，因此理论上 3 块岩心渗透率下降幅度之间的比值应该接近于初始渗透率的比值。然而，同一组驱替实验中 3 块岩心之间渗透率下降幅度的比值（CO_2 驱和 CO_2-WAG 驱分别为 1∶3.4∶8.7 和 1∶2.4∶4.3）远小于初始渗透率的比值（1∶11.6∶108）（图 4-2），这是因为本次实验中使用的中、低渗岩心具有平均较小的孔喉尺寸，并且渗透率的变化对由有机（无机）沉淀和黏土颗粒引起的堵塞更敏感，少量的驱替流体的渗流就能导致明显的渗透率下降。此外，虽然 CO_2-WAG 驱后 3 块岩心渗透率下降幅度都大于对应的 CO_2 驱后的岩心，但是 CO_2-WAG 驱 3 块岩心渗透率下降幅度之间的差异较小，表明 CO_2-WAG 驱可以减弱层间非均质性对不同层之间渗透率下降幅度差异的影响。值得注意的是，对于相同渗透率的岩心，两种驱替后渗透率下降幅度之间差异随着初始渗透率的增大而减小。尤其对于高渗岩心，两种驱替后渗透率下降幅度之间的差异小于中、低渗岩心，这是由于无论哪种驱替方式，高渗岩心都是注入流体的主要渗流通道。

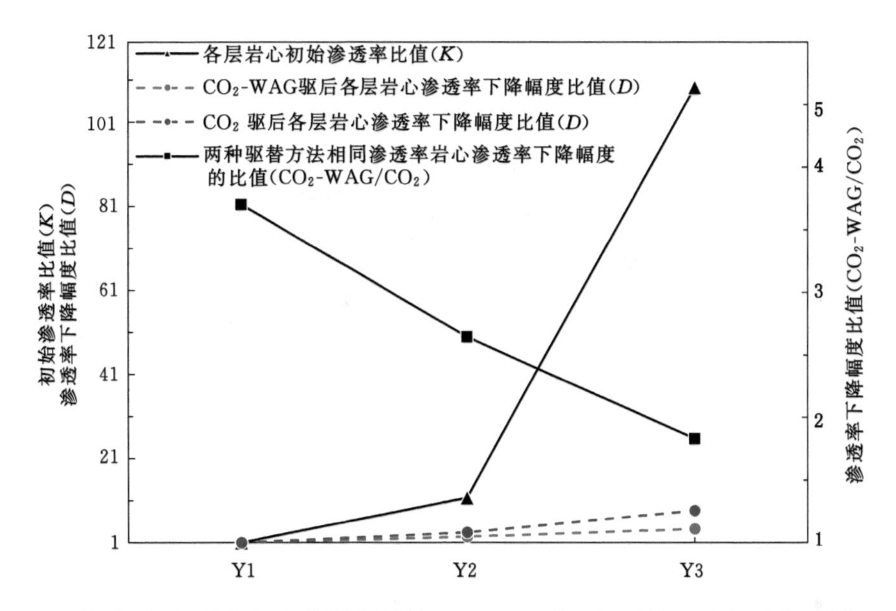

K—低、中、高渗三层的岩心初始渗透率比值，K_{Y1} ∶ K_{Y2} ∶ K_{Y3}；D—驱替后低、中、高渗三层的岩心渗透率下降幅度比值，K_{Y1}下降幅度 ∶ K_{Y2}下降幅度 ∶ K_{Y3}下降幅度；CO_2-WAG/CO_2—两种驱替方法驱替后相同渗透率岩心渗透率下降幅度的比值，$K_{Y1\text{-}1}$下降幅度/$K_{Y1\text{-}2}$下降幅度，$K_{Y2\text{-}1}$下降幅度/$K_{Y2\text{-}2}$下降幅度，$K_{Y1\text{-}3}$下降幅度/$K_{Y3\text{-}2}$下降幅度。

图 4-2　岩心之间的渗透率下降幅度比值和初始渗透率比值的对比

4.1.3　沥青质沉淀和无机沉淀对渗透率的影响

由图 4-3 可以看出，CO_2 驱后沥青质沉淀引起渗透率下降的作用占主导地位，超过 95%。由于束缚水分布在小孔中或以水膜的形式覆盖在岩石矿物表面[72]，注入的 CO_2 难以与盐水接触，因此 CO_2-地层水-岩石相互作用对渗透率下降影响较小。在 CO_2-WAG 驱过程中，CO_2-地层水-岩石相互作用引起的渗透率下降明显要高于 CO_2 驱，随着初始渗透率的增加，沥青质沉淀引起的渗透率下降与总渗透率下降幅度的比值下降，这是由于更多的原油被从岩心中驱出，特别是在高渗岩心中，在 CO_2-WAG 驱替过程中盐水和 CO_2 的分布更广泛，盐水和 CO_2 更容易与矿物接触，因此 CO_2-地层水-岩石相互作用影响相对较大。

然而，CO_2-WAG 驱后岩心中由沥青质沉淀引起的渗透率下降幅度仍然远高于 CO_2 驱。CO_2 驱过程中，作为非润湿相的 CO_2 主要存在于大孔隙中，注入的 CO_2 较难与较小孔隙中的原油接触，这些孔隙中不会发生沥青质沉淀。特别是在高渗岩心中发生 CO_2 突破后，大部分 CO_2 从气窜通道流出，因此在小孔中沥青质沉淀的可能性很小。但是在 CO_2-WAG 驱过程中，即使在 CO_2 突破之

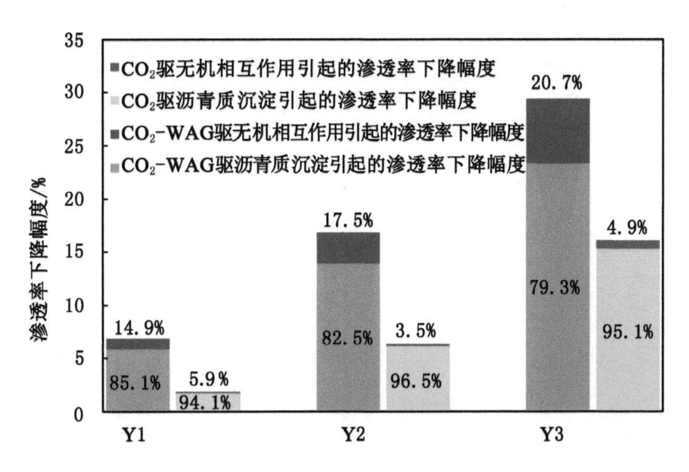

图 4-3　驱替实验后有机(无机)因素造成的岩心渗透率下降

后,由于 WAG 对气窜通道的抑制作用,不仅在高渗岩心的小孔中,而且在中、低渗透性岩心的孔隙中,原油都有机会与 CO_2 接触,导致沥青质在更广泛的孔隙中沉淀,因此 CO_2-WAG 驱后岩心渗透率下降幅度普遍大于 CO_2 驱。

4.2　岩石孔喉结构对 CO_2 驱后储层物性变化的影响

CO_2 驱油过程中岩石孔喉结构控制沥青质颗粒的运移和吸附,且不同的孔喉结构对沥青质沉淀引起的孔喉堵塞和润湿性变化具有不同的敏感性[112-113]。为了研究不同孔喉结构岩心在 CO_2 驱油过程中沥青质沉淀引起的孔喉堵塞和润湿性变化的分布规律,在驱替后岩心再次饱和地层水并建立初始含油饱和度和束缚水饱和度,利用 NMR 测试得出 T_2 谱与驱替前岩石中的地层水和原油的分布做对比,在通过分形维数定量评价岩石孔喉结构的前提下,得出孔喉结构对沥青质沉淀引起的岩石物性综合变化分布规律的影响。

4.2.1　孔喉结构对渗透率下降的影响

驱替实验后岩心的渗透率和孔隙度的变化见表 4-2。混相和非混相驱替后岩心的渗透率下降幅度分别为 7%～15%和 4%～8%,然而岩心的孔隙度变化幅度为 1%～2.5%,远小于渗透率降低的程度。

表 4-2　驱替实验前后岩心的渗透率和孔隙度变化

驱替条件	岩心编号	K_b /mD	K_a /mD	$1-\frac{K_a}{K_b}$/%	Φ_b /%	Φ_a /%	$1-\frac{\Phi_a}{\Phi_b}$/%
非混相(14 MPa)	H1	0.726	0.674	7.2	14.73	14.48	1.73
	H2	0.755	0.716	5.1	14.06	13.80	1.82
	H3	0.775	0.744	4.0	13.71	13.51	1.44
	H4	0.724	0.667	7.9	11.77	11.51	2.17
混相(18 MPa)	H1	0.713	0.620	13.1	14.62	14.38	1.64
	H2	0.742	0.671	9.6	14.14	13.84	2.12
	H3	0.769	0.711	7.5	13.62	13.43	1.4
	H4	0.734	0.630	14.2	11.85	11.56	2.45

在来自同储层的其他相近渗透率岩心上进行的驱油实验表明，低注入速度不会引起岩心的速度敏感性，实验所用盐水是根据地层水配制，黏土矿物溶胀对岩石的孔隙度和渗透率没有明显影响[74]。非混相驱替后将岩心彻底清洗测得的岩心渗透率作为混相驱替前的岩心渗透率，对比相同岩心两个状态下的渗透率值，发现清除岩心中的沥青质沉淀后岩石渗透率基本能恢复到接近初始状态(<±1.6%，基本属于误差范围)。CO_2-地层水-岩石相互作用在储层中造成矿物溶蚀和结垢等因素也会造成岩石物性的伤害。但是由于本次实验前将岩心在盐水中进行老化，饱和的盐水在岩心中为润湿相，分布在小孔喉或以水膜形式覆盖在孔隙表面，饱和的油则分布在孔隙喉道中央。被注入的 CO_2 为非润湿相，优先与原油发生相互作用，较少的 CO_2 扩散进入地层水中。此外，与其他文献 CO_2 驱油实验相比，本次实验驱替时间短，CO_2-地层水-岩石相互作用并不充分[72]。已进行的相同条件下 CO_2 驱油实验表明，驱替后 CO_2-地层水-岩石相互作用引起的渗透率损害最高占总渗透率下降的 5%。鉴于本次实验总渗透率下降幅度仅为 4%～16%，忽略了 CO_2-地层水-岩石相互作用对岩心渗透率的损害，因此认为岩心的渗透率显著下降而孔隙度略有下降是由于沥青质沉淀导致了岩石孔隙和喉道微观结构的变化[114]。

混相驱过程中更高的驱替压力导致更多的沥青质沉淀，分布在更广泛的孔隙喉道中，造成更严重的孔隙喉道堵塞，因此混相驱替后岩心渗透率下降的总幅度相对较大(图 4-4)。此外，在混相驱替时，岩心具有更高的原油采收率和更大渗透率下降幅度，因此根据平均每 1%的原油采收率对应渗透率下降幅度(K_{dp}，渗透率下降幅度与原油采收率的比值)来综合评价驱替效果和渗透率损害。可以看出，混相驱替时 K_{dp} 的值较大，这可能是在混相条件下由于在 CO_2 突破以后，在 CO_2 对原油轻烃的抽提作用下，依然会有原油产出[115]，但这造成了更严重的沥青质沉淀。

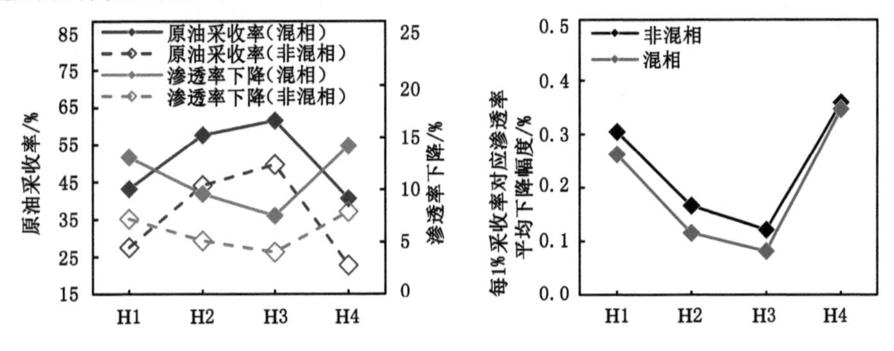

图 4-4　岩心原油采收率与驱替后渗透率下降幅度

渗透率下降幅度与岩心孔喉结构分形维数之间存在良好的线性关系(图 4-5)，表明孔喉结构非均质性越强，驱替后岩心渗透率下降越明显。样品 H1 和 H4 孔喉结构具有相对较强的非均质性且平均孔隙喉道尺寸较小，在具有这种孔喉结构的岩心中，由几个大孔喉组成的优势渗流通道对渗透率的贡献最大，在驱替过程中这些路径优先被沥青质颗粒堵塞，则会严重损害储层岩石的渗透性，且平均喉道较小的岩心的渗透性变化对孔喉堵塞更加敏感[116]。理论上在相同驱替条件下，更高的原油采收率代表 CO_2 在岩心中更大的波及体积和更高的驱油效率，对应更严重的孔隙和喉道堵塞，从而导致渗透率的下降幅度更大，但是如图 4-5 所示，4 块岩心的渗透率下降幅度随着原油采收率的增大而减小。根据 K_{dp} 值来评价岩心孔喉结构对驱替效果和渗透率损害的影响，样品 H2 和 H3 具有更小的 K_{dp} 值(图 4-4)。这可能是由于尽管在驱油过程中样品 H2 和 H3 中产生了更多的沥青质沉淀，但由于孔喉结构的差异，相对于样品 H1 和 H4，这些沥青质沉淀并没有对样品 H2 和 H3 渗透率造成更严重的损害。换言之，在获得相同原油采收率条件下，样品 H2 和 H3 将受到相对较小的渗透率损害，表明均质的孔喉结构在抵抗由沥青质沉淀引起的渗透率下降方面也具有优势。

4.2.2　孔喉结构对润湿性变化的影响

表 4-3 中显示了岩心驱替前后的总体润湿性变化。驱替后岩石的总体水湿性减弱，其中样品 H3 非混相驱替后向油湿性的转化较为明显。这归因于沥青质沉淀物在岩石孔隙表面的吸附。沥青质沉淀改变润湿性的机理如图 4-6 所示。孔隙表面最初是水湿，这意味着岩心孔隙表面被水膜覆盖且带负电。当 CO_2 驱油时沥青质分子开始聚集，由于沥青质分子的极性高，水膜开始不稳定

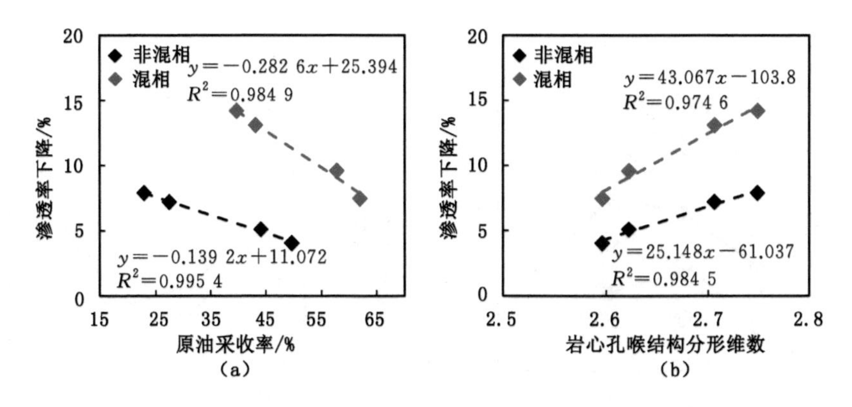

图 4-5　驱替后渗透率下降与原油采收率(a)及
驱替后渗透率下降与岩心孔隙结构分形维数(b)

并最终破裂。沥青质的极性末端带正电荷，并吸附在孔隙表面，暴露出烃类末端，使孔隙表面更加油湿[117]。通过清洗从岩心中除去沥青质沉淀物并在盐水中老化后，Amott-Harvey 指数恢复到非常接近其初始值(混相驱替前润湿性指数)，表明沥青质的沉淀是岩石润湿性变化的主要因素。

表 4-3　驱替前后岩心润湿指数变化

岩心编号	Amott-Harvey 指数(非混相)			Amott-Harvey 指数(混相)		
	驱替前	驱替后	下降幅度/%	驱替前	驱替后	下降幅度/%
H1	0.889	0.774	12.9	0.907	0.664	26.8
H2	0.693	0.587	15.3	0.679	0.273	59.8
H3	0.774	0.606	21.6	0.804	0.443	44.9
H4	0.812	0.727	10.5	0.805	0.534	33.7

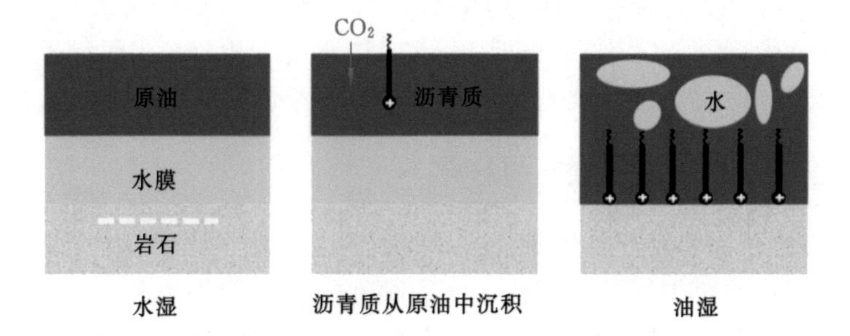

图 4-6　CO_2 驱油过程中岩石孔隙表面由于沥青质沉淀导致润湿转化示意图

图 4-7 所示为驱替后岩心高的原油采收率对应大幅度的润湿指数变化。高的原油采收率意味着更多的 CO_2 接触并驱替原油，造成更大规模的沥青质沉淀，这些沉淀吸附在岩石孔隙表面，导致更大程度的润湿性变化。尤其是对于具有更高原油采收率的混相驱替，更多孔隙中的原油与 CO_2 接触，且由于更高的驱替压力导致原油中溶解了更多的 CO_2，以及更强的轻烃抽提作用共同导致更严重的沥青质沉淀产生，因此混相驱替时平均每 1% 原油采收率对应润湿指数下降幅度（W_{dp}，润湿指数下降幅度与原油采收率的比值）大于非混相驱替。此外，在非混相驱替时，4 块岩心润湿指数下降幅度之间的差异相对较小，表明非混相条件下，润湿性变化对岩石孔隙结构的敏感性相对较弱。

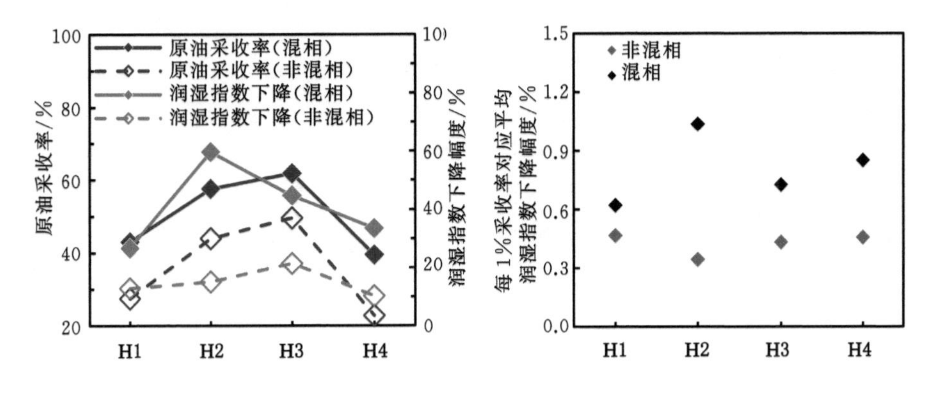

图 4-7　驱替后岩心原油采收率与润湿指数下降

4.2.3　岩石孔喉堵塞和润湿性变化分布

图 3-11（第 3 章 3.2 节）中 T_2 谱显示了驱替前岩心中初始饱和水和初始饱和油分布、驱替后剩余油分布、驱替后再次饱和油和水的分布。驱替前后岩心含水饱和度的变化定义为 S_{wv}，在 T_2 谱上对应驱替前后盐水分布曲线所包含面积的差值，同理定义驱替前后岩心含油饱和度的变化定义为 S_{ov}，则有：

$$S_{wv} = S_{wb} - S_{wa} \tag{4-1}$$

$$S_{ov} = S_{ob} - S_{oa} \tag{4-2}$$

式中，S_{wb} 是驱替前岩心仅饱和盐水时初始含水饱和度，%；S_{wa} 是驱替后再次饱和盐水时岩心仅饱和盐水的初始含水饱和度，%；S_{ob} 是驱替前岩心初始含油饱和度，%；S_{oa} 是驱替后岩心再次饱和油饱和度，%。

驱替后的盐水和原油的重新饱和过程受两个因素影响：孔喉堵塞和孔隙表面润湿性变化[23]，S_{wv}、S_{ov} 的值则代表受这两个因素影响的岩石物性综合变化。当孔隙和喉道被沥青质沉淀颗粒堵塞后，岩石中的某些孔隙不会被水或油完全饱和。因此，驱替后再次饱和油和水后，这些孔隙中 T_2 谱中油和水的信号幅度显示出明显的下降。另一方面，润湿性向油湿转变，有利于在驱替后原油的重新饱和。因此，S_{ov}是孔喉堵塞和润湿性变化相互抵消的综合结果。同时 S_{ov} 的值大于 0，这表明在油重新饱和过程中孔喉堵塞的作用大于润湿性变化。但 S_{wv} 与 S_{ov} 不同，这两个因素都不利于驱替后盐水在岩心中的重新饱和。此外，在混相条件下，T_2 谱中重新饱和水和油的信号下降幅度要大于非混相驱替，尤其是 T_2 谱左侧对应的小尺寸的孔隙。这归因于混相驱替更高的 CO_2 驱油效率和 CO_2 更大的波及体积。

S_{ov} 是由孔隙中的原油被 CO_2 驱替引起的，在相同的储层岩石物性及驱替条件下，理论上高的原油采收率对应更严重的孔喉堵塞和润湿性变化。但是，表 4-4 显示了样品 H2 和 H3 的原油采收率高于样品 H1 和 H4，但样品 H2 和 H3 的 S_{ov} 值相对较小。可能存在两方面原因：一方面，更多的沥青质沉淀也意味着样品 H2 和 H3 的润湿性发生了大的变化，有利于原油的重新饱和；另一方面，由于均质的孔喉结构，沥青质沉淀对样品 H2 和 H3 渗透率造成的损害相对较小。因此，在图 4-8 中 S_{ov} 随着原油采收率的增加而减少，随着孔喉结构分形维数的增加而增加。然而 S_{wv} 呈现出相反的趋势，这表明相对于孔隙喉道堵塞，润湿性变化对盐水的重新饱和影响更大。

表 4-4　驱替后岩心孔喉结构分形维数、原油采收率及 S_{wv}、S_{ov} 值

驱替条件	岩心编号	分形维数	原油采收率/%	S_{wv}/%	S_{ov}/%
非混相 (14 MPa)	H1	2.706	43.1	6.21	19.16
	H2	2.622	57.7	9.19	17.15
	H3	2.596	61.9	7.66	16.24
	H4	2.748	39.6	6.23	17.79
混相 (18 MPa)	H1	2.706	27.5	4.11	14.14
	H2	2.622	44.1	5.29	12.98
	H3	2.596	49.7	6.23	11.40
	H4	2.748	22.8	3.52	13.33

理论上，驱替后盐水和油再饱和过程中，沥青质颗粒占据的孔隙空间和喉道的堵塞是固定不变的，因此在消除润湿性变化因素的情况下，4 块岩心的 S_{wv} 和 S_{ov} 应该具有相似的趋势[17]。然而实际情况下，润湿性的变化使 S_{wv} 增加，导致 S_{ov} 下降，且 S_{ov} 和 S_{wv} 都包含孔喉堵塞因素，因此 S_{wv}-S_{ov} 值一定程度上消除了该因素，类似 Amott-Harvey 指数的计算过程，代表了润湿性变化的趋势。正如预

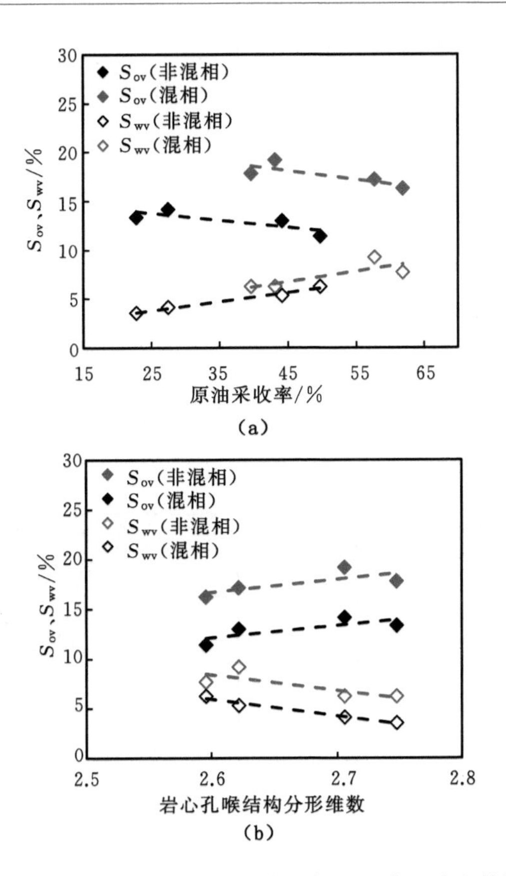

图 4-8　驱替后 S_{wv}、S_{ov} 与原油采收率(a)及岩心孔喉结构分形维数(b)

期,图 4-9 中通过 S_{ov}-S_{wv} 获得岩心的润湿性变化与测得的 Amott-Harvey 指数结果一致。

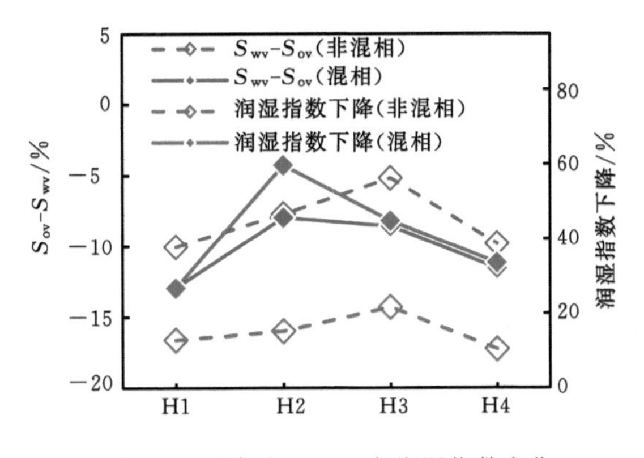

图 4-9　驱替后 S_{wv}、S_{ov} 与润湿指数变化

图 4-10 显示了原油采收率与 S_{ov} 随着孔隙尺寸增大的变化曲线。同一驱替条件下，样品 H1 和 H4 中原油采收率和 S_{ov} 值随着孔隙尺寸的增加而增加。样品 H1 和 H4 小尺寸孔喉中的原油在驱替过程中难以与 CO_2 接触，对应较少的沥青质沉淀和小的 S_{ov} 值。大孔喉是流体流动的主要通道，是沥青质沉淀、运移、吸附和堵塞喉道发生的主要场所。这些孔喉的微观结构更容易被沥青质沉淀改变[18]，从而导致较大的 S_{ov} 值。混相条件下的样品 H3 中，不同尺寸孔隙的 S_{ov} 值差异相对较小，不随孔隙尺寸的增加而明显增加，表明孔喉堵塞和润湿性变化在岩心中分布更均匀。此外，混相条件下小孔隙 S_{ov} 大于非混相驱替，而大孔隙 S_{ov} 反而接近或小于非混相驱替，这表明混相驱替使岩心综合物性变化分布更均匀，样品 H2 和 H3 中这种现象相对明显，均质的孔喉结构增强了这种优势。

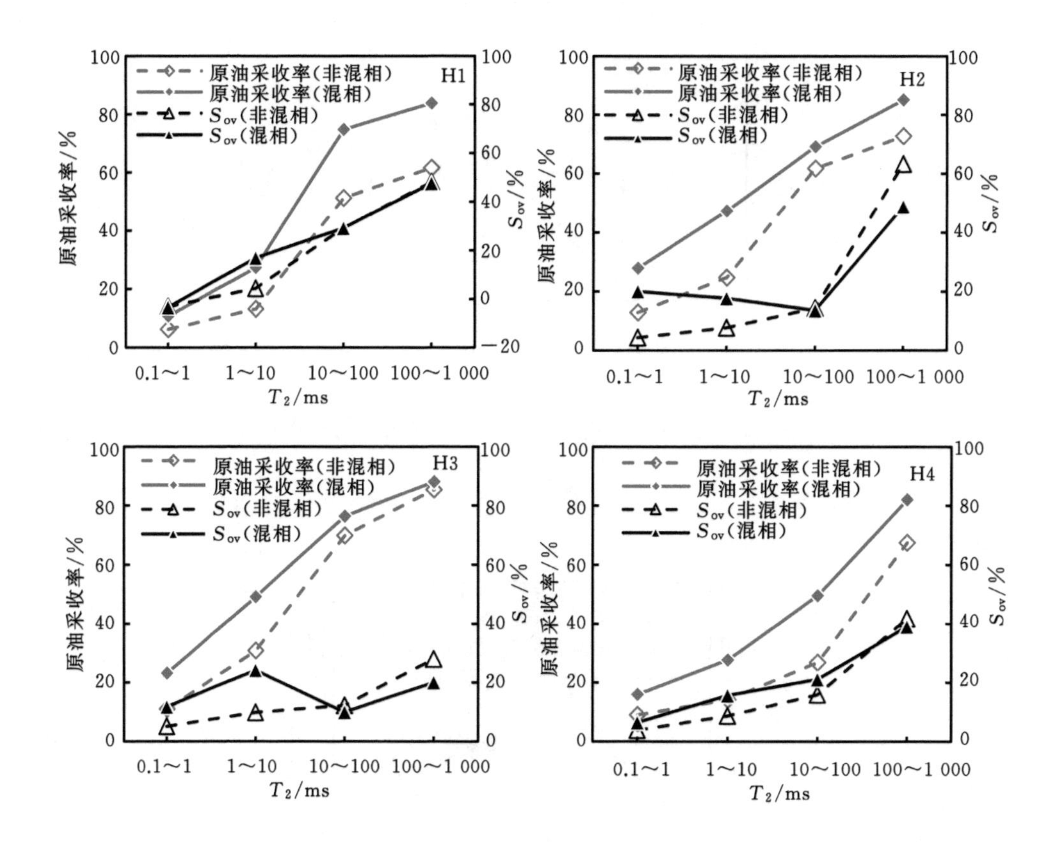

图 4-10　不同尺寸孔隙中原油采收率与 S_{ov}

4.3 岩石孔喉结构对 CO_2-SAG 驱后储层物性变化的影响

相比于 CO_2 驱，CO_2-SAG 驱在 CO_2 突破后增加了 CO_2 浸泡阶段，有效改善了黏性指进对注 CO_2 驱的影响。但是浸泡阶段 CO_2 扩散进入更多孔隙中，与其中原油相互作用更充分，导致更多的沥青质沉淀。本节实验不仅研究了 CO_2-SAG 驱过程中孔喉结构对渗透率下降及产出油中沥青质含量的影响，而且对比了混相条件下 CO_2-SAG 驱和 CO_2 驱在上述两方面的差异。

4.3.1 渗透率下降与产出油中沥青质含量

CO_2-SAG 驱前后岩心渗透率下降幅度和采出油中沥青质含量的降低幅度见表 4-5。CO_2-SAG 驱油后的渗透率下降幅度和产出油中沥青质含量的降低程度分别比 CO_2 驱高 0.6%～3.6%和 0.06%～0.23%。这归因于 CO_2-SAG 驱替过程中孔隙中的 CO_2 与原油之间的充分相互作用使得沥青质充分沉淀。图 4-11 显示了渗透率降低和沥青质含量降低与原油采收率的线性关系。

表 4-5 CO_2-SAG 驱油实验过程中岩石孔喉结构分形维数、原油采收率、渗透率下降和产出油中沥青质含量

驱替方式	岩心编号	分形维数 D	K_b/mD	CO_2 突破采收率/%	总原油采收率/%	渗透率下降 K_d/%	产出油中沥青质含量/%
CO_2 驱（4.2 节）	H1	2.706	0.713	—	43.1	13.1	0.71
	H2	2.622	0.742	—	57.7	9.6	0.79
	H3	2.596	0.769	—	61.9	7.5	0.85
	H4	2.748	0.734	—	39.6	14.2	0.66
CO_2-SAG 驱	H1	2.706	0.706	39.1	56.8	16.0	0.54
	H2	2.622	0.730	51	67.2	10.6	0.72
	H3	2.596	0.778	54.4	70.5	8.1	0.79
	H4	2.748	0.724	35.4	53.2	17.8	0.43

由图 4-11 可以看出，驱替后岩心渗透率下降幅度随原油的增加而减小。而图 4-12 则显示了驱替后岩心渗透率下降幅度随分形维数的增加而增大。具有

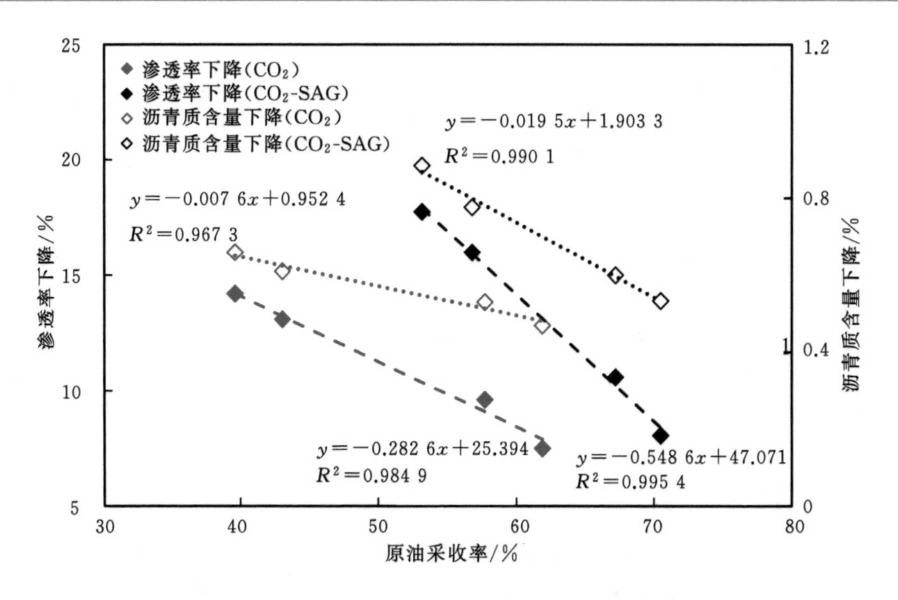

图 4-11　驱替后渗透率下降和产出油中沥青质沉淀量与原油采收率的关系曲线

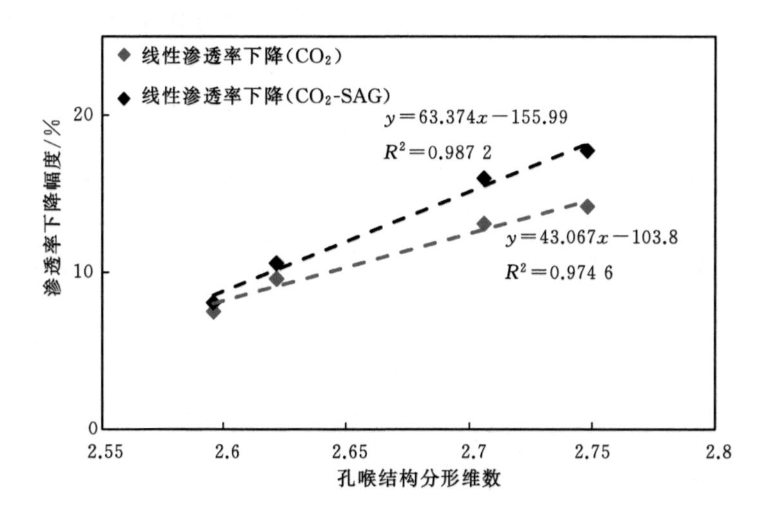

图 4-12　驱替后岩心渗透率下降幅度与孔喉结构分形维数的关系曲线

均匀孔喉结构的样品 H2 和 H3 具有相对较大的原油采收率和相对较小的渗透率下降幅度。这可能是由于在驱油过程中沥青质沉淀对具有均匀孔喉结构的岩心造成的损害相对较小，但这可能导致岩心整体润湿性发生更严重的变化。另外，随着原油采收率的增加，产出油中沥青质含量下降幅度也降低。这归因于注入的 CO_2 在更均质的孔喉结构的岩心中分布更均匀，对应更高的原油采收率。

在非均质较强的岩心中，优势渗流通道中的原油优先被驱出。后续注入的 CO_2 则继续沿着优势渗流通道流动，重复驱替萃取这部分原油，使原油中更多的沥青质沉淀析出，导致产出油中的沥青质含量低。最终岩心原油采收率也较低，且在优势渗流通道中留下更多的沥青质沉淀。

与 CO_2 驱替相比，在相同的原油采收率下，CO_2-SAG 驱替后岩心渗透率下降幅度更大，产出油中沥青质含量更低。CO_2 浸泡阶段，CO_2 通过扩散的形式进入驱替过程中未被波及的相对较小的孔隙中，降低这些孔隙中原油的黏度，削弱黏性指进现象。但是 CO_2 浸泡过程导致岩石中更多的孔隙中出现了更严重的沥青质沉淀，造成更大规模的孔喉堵塞。CO_2-SAG 驱替时渗透率下降幅度与原油采收率拟合直线的斜率较大，表明 CO_2-SAG 驱替过程中渗透率下降对原油采收率的变化更加敏感。岩心孔喉结构越均质，随原油采收率的增大，渗透率下降幅度减小的速度就越快。均质的孔喉结构可以增加 CO_2-SAG 驱在抵抗沥青质沉淀对渗透率损害方面的优势。

产出油中沥青质含量下降幅度可以在一定程度上代表驱替过程中岩心孔隙中沥青质沉淀的量。如图 4-13 所示，沥青质含量下降越多，岩心渗透率的下降幅度就越大[118]。沥青质沉淀颗粒越多，在颗粒迁移过程中孔隙被堵塞的可能性就越大。但是，在相同的沥青质含量下降幅度时，CO_2-SAG 驱替后的渗透率降低较少，因为在 CO_2 浸泡过程中，岩石孔隙中的流体并没有流动，更多沥青质沉淀吸附在孔隙壁面上，而不是在喉道处被捕获造成堵塞，因此对渗透率的损害较小。此外，根据采出油中渗透率下降与产出油中沥青质含量下降的关系曲线，在某特定物性特征的储层中，采用一定的 CO_2 驱替方式时，可以根据产出油中的沥青质含量粗略估算储层渗透率的损害。

为了从改善原油采收率及渗透率下降两方面综合对比 CO_2-SAG 驱和 CO_2 驱，定义 R_i 为相同条件下 CO_2-SAG 驱的原油采收率比 CO_2 驱高的幅度，则有：

$$R_i = \frac{\text{原油采收率}(CO_2\text{-SAG}) - \text{原油采收率}(CO_2)}{\text{原油采收率}(CO_2\text{-SAG})} \times 100\% \tag{4-3}$$

同样定义 K_{di} 为相同条件下 CO_2-SAG 驱后渗透率下降比 CO_2 驱高的幅度，则有：

$$K_{di} = \frac{\text{渗透率下降}(CO_2\text{-SAG}) - \text{渗透率下降}(CO_2)}{\text{渗透率下降}(CO_2\text{-SAG})} \times 100\% \tag{4-4}$$

由图 4-14 可以看出，R_i 和 K_{di} 随分形维数的增加而增加。孔喉结构差的岩心的原油采收率显著改善。在这类岩心中，由于黏性指进导致的过早的 CO_2 突破，CO_2 与原油之间的相互作用时间很短，这种现象在强非均质孔喉结构的岩心中更为严重。CO_2 浸泡阶段弥补了 CO_2 与原油不充分的相互作用，尤其是在

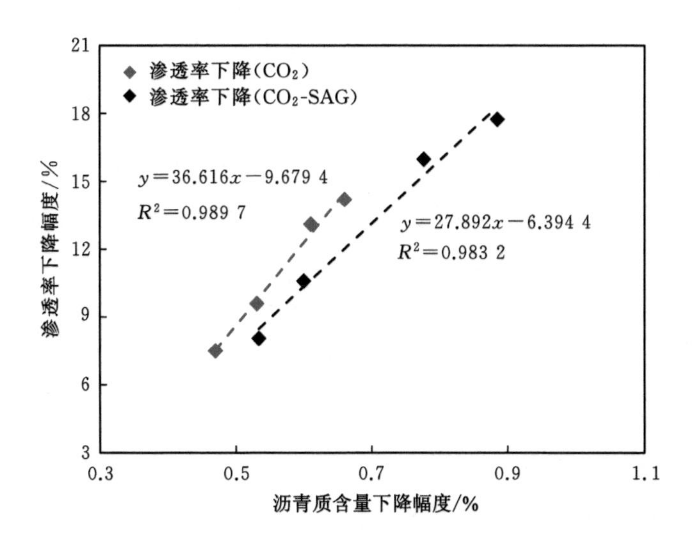

图 4-13　驱替后渗透率下降幅度与沥青质含量下降幅度的关系曲线

强非均质孔喉结构的岩心中。因此,与 CO_2 驱相比,CO_2-SAG 驱可以显著改善孔喉结构较差的岩心的原油采收率,减弱了孔喉结构对原油采收率的影响。此外,尽管 CO_2-SAG 驱使渗透率下降幅度更大,但幅度小于增加的原油采收率,这表明 CO_2-SAG 驱是一种相对有效的方法,获得较好的原油采收率的同时对储层的损害相对小。

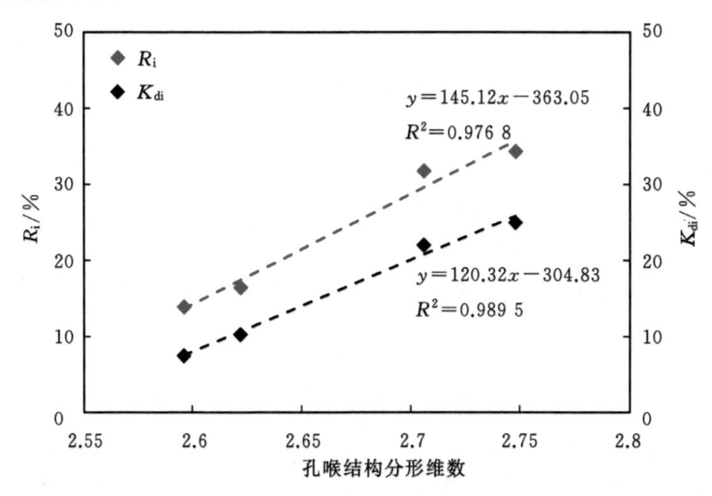

图 4-14　R_i 和 K_{di} 与岩心孔喉结构分形维数的关系曲线

由图 4-15 可以看出，两种驱替方式下 K_{dp} 与岩心孔喉结构的分形维数均具有良好的线性关系。换言之，在具有相同原油采收率的情况下，岩心孔喉结构越差，驱替后渗透率的损害越严重。此外，在相同孔喉结构分形维数下，CO_2-SAG 驱后的 K_{dp} 小于 CO_2 驱，表明在具有相同原油采收率的情况下，CO_2-SAG 驱后渗透率的损害较小。

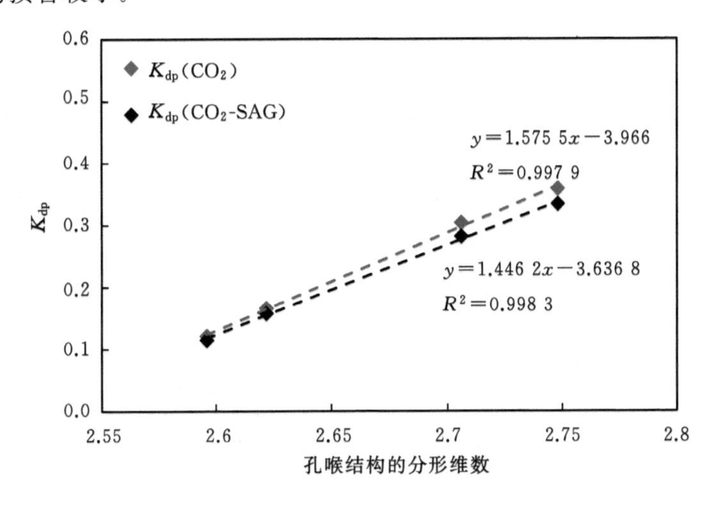

图 4-15　CO_2-SAG 和 CO_2 驱替后 K_{dp} 与岩心孔喉结构分形维数的关系曲线

4.3.2　岩石孔喉堵塞和润湿性变化分布

图 4-16 中给出了 CO_2-SAG 驱前后岩心饱和盐水的分布 T_2 谱，显示了注水前盐水的分布情况和注水后再饱和盐水的分布情况。根据本章 4.2 节定义的 S_{wv} 值评估驱替前后沥青质沉淀引起孔喉堵塞和润湿性变化分布。由图 4-16 可以看出，在大孔隙和与其连通的喉道是 CO_2 驱替原油的主要场所，因此在 T_2 谱中测得的大孔隙的盐水信号幅度减小了，在 T_2 谱左侧的小孔隙的信号幅度比注水前略大。但是，T_2 谱中岩心中的再饱和盐水总量是减小的。此外，由于 CO_2 浸泡阶段，CO_2-SAG 驱替后 S_{wv} 的分布更加均匀。

由图 4-17 和图 4-18 可以看出，两种驱油方法的 S_{wv} 值随原油采收率的增加而增加，随孔喉结构的分形维数而减小。均质孔喉结构导致较高的原油采收率，对应较高的综合岩石物理性质变化（S_{wv}）。但是，高的原油采收率对应驱替后的渗透率下降幅度小（代表在孔隙和喉道处的堵塞较少）。因此，润湿性的变化对岩石物性的影响比孔喉堵塞更重要，是决定 S_{wv} 值的主要因素。此外，CO_2-SAG 驱后的 S_{wv} 值高于 CO_2 驱后的 S_{wv} 值，这可能是由于在 CO_2 浸泡阶段，更多的孔

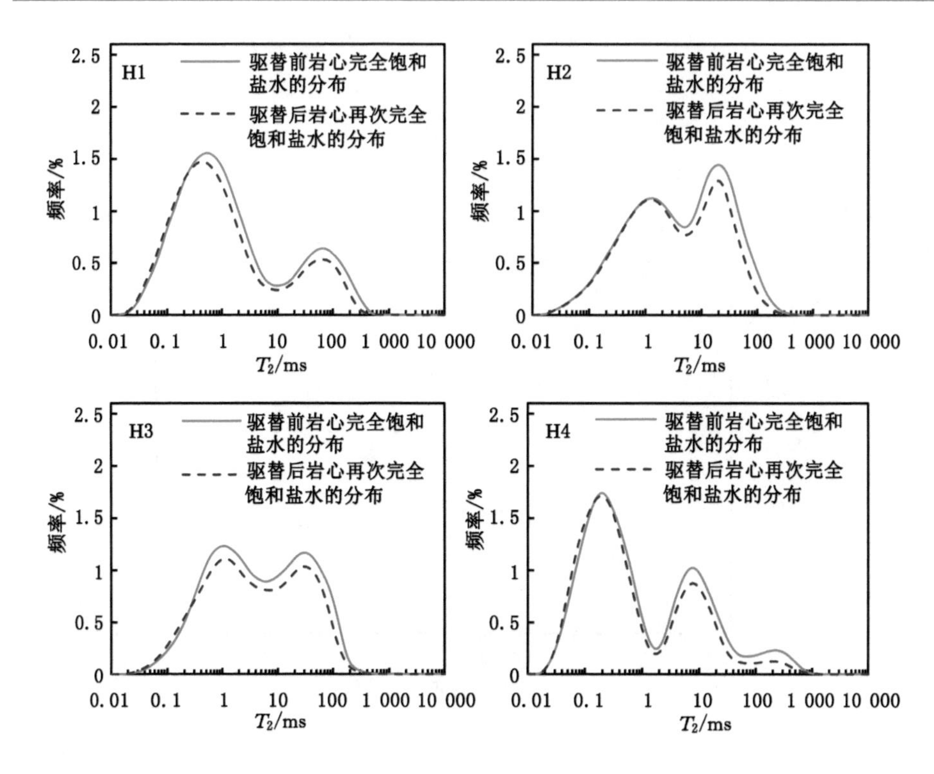

图 4-16　CO_2-SAG 驱替前后岩心饱和盐水的分布 T_2 谱

隙中有足够的沥青质沉淀，因此岩心的总体平均润湿性变化更大。另外，CO_2-SAG 驱后 4 个岩心之间的 S_{wv} 差异范围（1.6%～1.8%）小于 CO_2 驱后 4 个岩心之间的 S_{wv} 差异范围（1.4%～3%），这意味着 CO_2-SAG 驱后 4 个岩心的岩石物理性质变化差异小于 CO_2 驱，CO_2-SAG 驱可以减弱孔喉结构差异对岩石物性变化的影响[23]。

定义 S_{wvi} 为相同条件下 CO_2-SAG 驱比 CO_2 驱高的幅度，则有：

$$S_{wvi} = \frac{S_{wvi}(CO_2\text{-SAG}) - S_{wvi}(CO_2)}{S_{wvi}(CO_2\text{-SAG})} \times 100\% \tag{4-5}$$

定义 A_{di} 为相同条件下 CO_2-SAG 驱的沥青质含量下降比 CO_2 驱高的幅度，则有：

$$A_{di} = \frac{\text{沥青质含量下降}(CO_2\text{-SAG}) - \text{沥青质含量下降}(CO_2)}{\text{沥青质含量下降}(CO_2\text{-SAG})} \times 100\% \tag{4-6}$$

图 4-19 显示了 CO_2-SAG 驱与 CO_2 驱相比，原油采收率、渗透率下降、S_{wv} 和产出油中沥青质含量下降的差异。其中，S_{wvi} 值最大，表明 CO_2 浸泡阶段对润

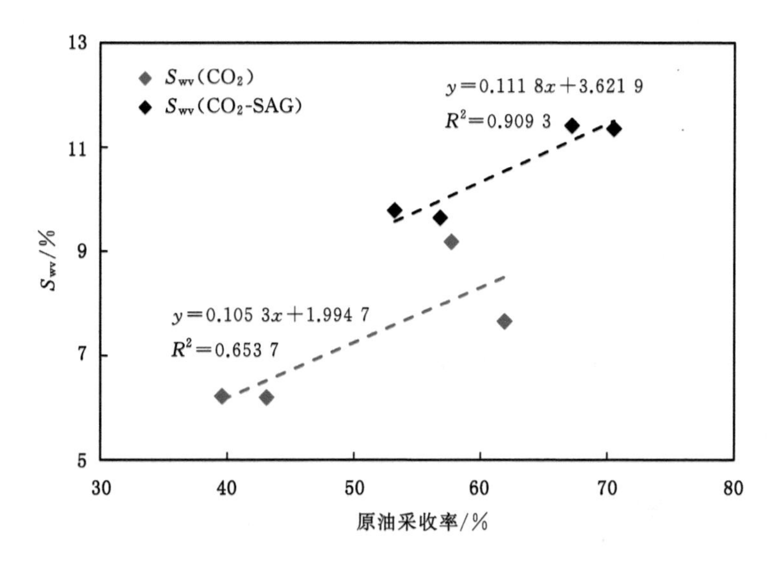

图 4-17　S_{wv} 与原油采收率的关系曲线

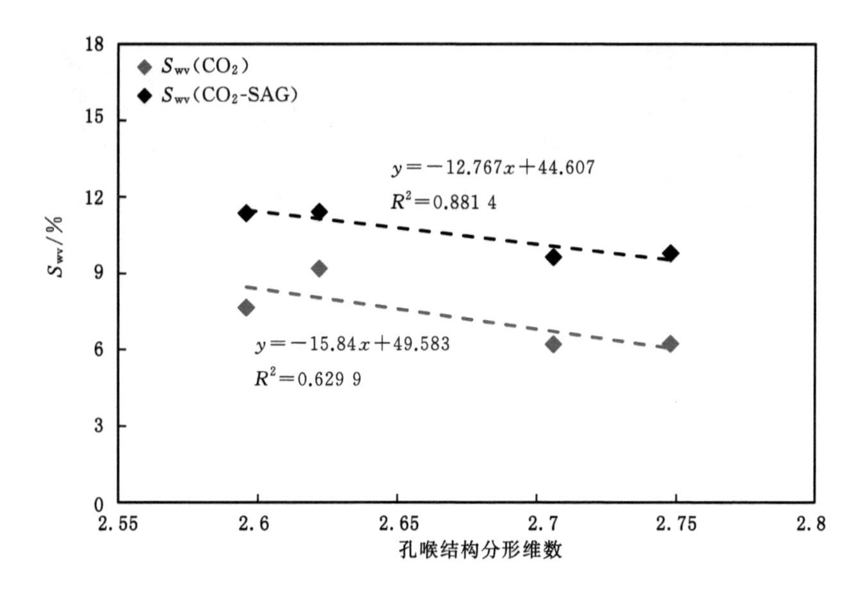

图 4-18　S_{wv} 与岩心孔喉结构分形维数的关系曲线

湿性影响相对最大，因此 CO_2-SAG 驱不能忽略由 CO_2 浸泡引起的润湿性变化，必须采取必要的措施来抑制在浸泡阶段沥青质的沉淀。K_{di} 值最小，比 S_{wvi} 值小得多，表明 CO_2 浸泡对渗透率下降的影响相对较弱，因为在 CO_2 浸泡过程中不会发生沥青质沉淀物颗粒的运移，只有较小孔中的沥青质沉淀物增加，并且在随后的 CO_2 注入过程中较小的孔喉中颗粒运移的可能性也很小[119]。R_i 高于 K_{di} 和 A_{di}，表明 CO_2-SAG 驱并未显著增加渗透率下降幅度和沥青质含量下降幅度，同时有效增加了原油采收率。具有较高的原油采收率且对岩心的损害较小，这证明 CO_2-SAG 驱是改善原油采收率的可靠方法。

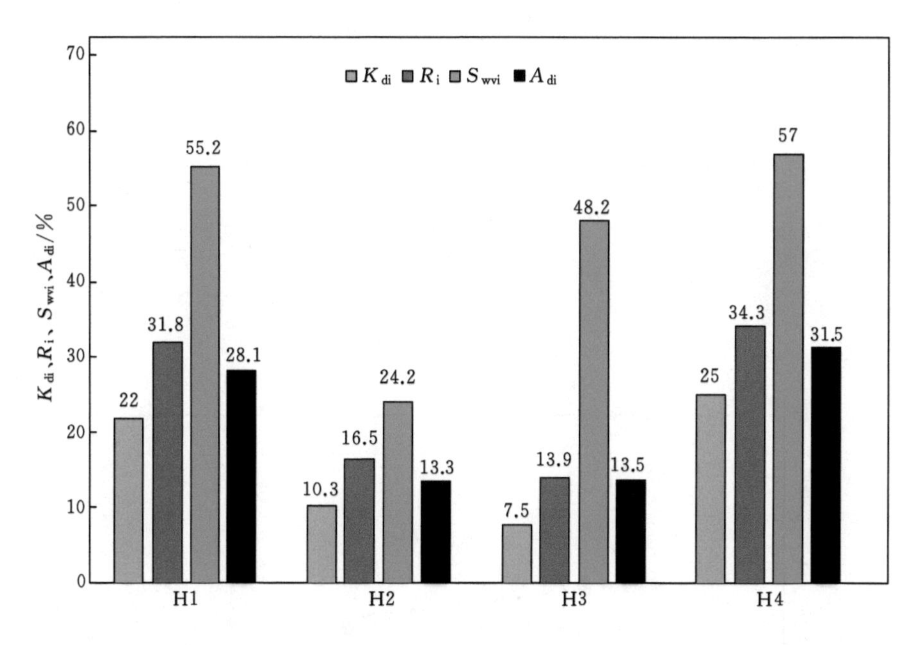

图 4-19　与 CO_2 驱和 CO_2 驱相比的 K_{di}、R_i、S_{wvi} 和 A_{di} 的值

4.4　一维非均质储层中 CO_2-SAG 驱后储层物性变化

低渗砂岩储层非均质性强，导致驱油过程中储层中不同位置注 CO_2 驱油效率和剩余油饱和度不同，同时由沥青质沉淀导致的渗透率下降和润湿性变化特征在储层不同位置也存在较大差异。本节针对低渗非均质长岩心（沿注入方向渗透率逐渐降低）上进行的 CO_2-SAG 驱油和 CO_2 驱油实验（3.4 节），探究两种

驱替方式下非均质长岩心中岩石物性变化分布规律，主要包括沥青质沉淀、吸附和运移造成的渗透率下降、润湿性变化。研究结果为准确评价不同注 CO_2 方法对不同位置的储层损害程度的影响提供了实验和理论支持。

4.4.1　驱替后岩心渗透率变化特征

驱替后岩心渗透率下降幅度为渗透率下降值占初始渗透率的百分比，CO_2 驱和 CO_2-SAG 驱后长岩心渗透率下降分布如图 4-20 所示。CO_2 驱和 CO_2-SAG 驱渗透率下降幅度分布特征具有相似的趋势，渗透率下降幅度为 8.8%～27.9%，不同位置的短岩心其数值不同。CO_2 驱和 CO_2-SAG 驱注入端岩心渗透率下降幅度分别为 19.1%、20.1%，该值沿着注入方向（岩心初始渗透率增加）增加，在短岩心 4 处达到最大值（26.7%、27.9%）。从短岩心 5 开始，随着岩心

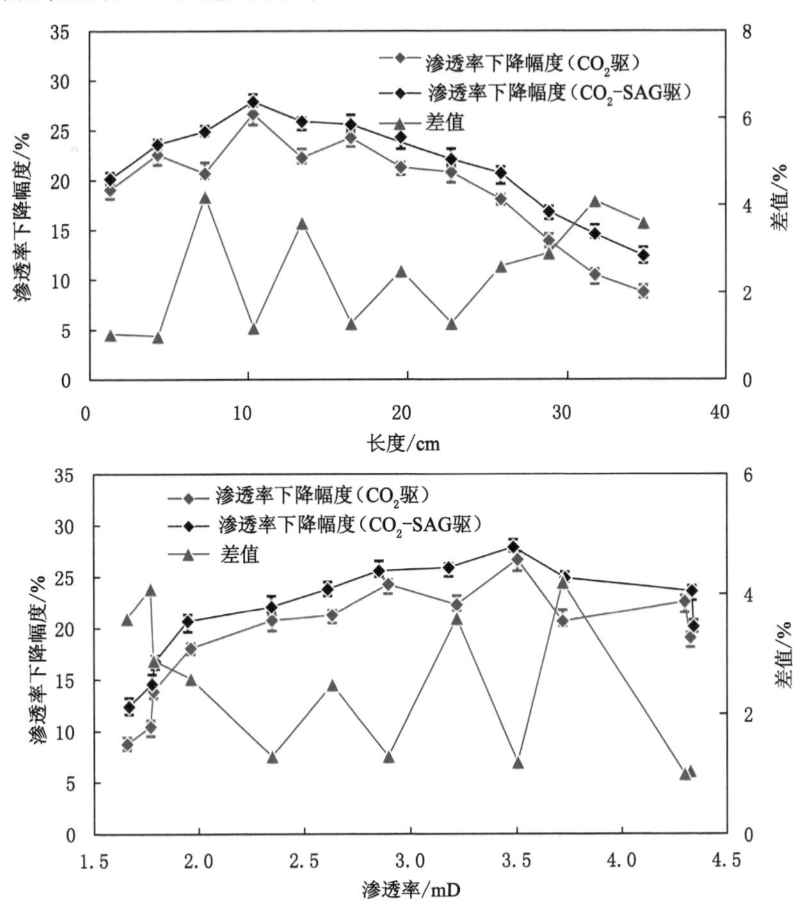

图 4-20　CO_2 驱和 CO_2-SAG 驱后每个岩心渗透率下降特征

初始渗透率下降，渗透率下降逐渐减弱，出口端岩心渗透率下降幅度为 8.8%、12.4%。CO_2-SAG 驱后岩心渗透率下降幅度较大，与 CO_2 驱后差异如图 4-20 所示，但该差值分布趋势并不稳定。尽管出口端岩心具有一定的增加趋势，但没有证据表明该差值的明显不稳定或振荡特征背后存在物理原因，可能为统计假象，也可能岩心渗透率及孔喉结构不同，对沥青质沉淀引起的渗透性损害具有不同的敏感性还可能是不同渗透率岩心之间的连接不如一整块非均质岩心的连接顺畅。

CO_2-SAG 驱后岩心渗透率下降幅度较大可归因于浸泡过程中溶解在残余油中的 CO_2 的量更大。产出原油中沥青质浓度比初始浓度降低表明驱替过程岩心内发生了沥青质沉淀。沥青质颗粒从原油中沉淀出来，被原油携带并在岩心中逐渐聚集长大。当沥青质颗粒变得与孔喉一样大或更大时被捕获，堵塞孔喉，降低岩石孔喉连通性，从而损害储层的渗透率。同时，沥青质沉淀物吸附在岩石基质表面，逐渐减小孔隙和孔喉的尺寸，从而导致沥青质沉淀物堵塞孔喉。吸附的沥青质也会改变岩石的润湿性，使其更亲油。

渗透率下降的幅度由孔喉中沥青质沉淀和颗粒运移的规模、初始渗透率和岩心孔喉结构的连通性共同控制。此外，较高原油采收率表明注入的 CO_2 与更多的原油相互作用，注入的 CO_2 波及体积更大，会导致更多的沥青质沉淀。沥青质析出程度越大、颗粒越多，运移过程中孔喉堵塞的可能性越大，渗透率下降幅度越大。CO_2-SAG 驱渗透率下降分布曲线比 CO_2 驱更平滑，这可能是由于浸泡过程产生了更均匀的沥青质沉淀分布。

与 CO_2 驱相比，CO_2-SAG 驱导致渗透率下降幅度更大，但其原油采收率也更高。CO_2 驱和 CO_2-SAG 驱后平均每 1%的原油采收率对应渗透率下降幅度（K_{dp}）如图 4-21 所示。长岩心的注入和出口端 K_{dp} 值最小，约 0.23%，长岩心中间岩心该值上升到 0.36%～0.30%。总体上 CO_2-SAG 驱替使中间部分岩心原油采收率更高，渗透率下降幅度相对较小。

驱替结束后彻底清洗岩心中的有机和无机沉淀，岩心的渗透率并未完全恢复到其初始值，其差值对应不可逆的渗透率下降幅度，该值与初始渗透率的比值百分比为不可逆渗透率下降幅度（K_{du}）。不可逆渗透率下降幅度占总渗透率下降幅度的百分比为 R_{kd}，如图 4-22 所示。CO_2 驱的 K_{du} 和 R_{kd} 值分别在 0.4%～1.9%和 8.8%～3.9%之间变化，CO_2-SAG 驱的 K_{du} 和 R_{kd} 值在 0.6%～2.9%和 12.1%～4.1%之间变化。不可逆渗透性损坏程度沿着注入方向不断下降，即较大的初始渗透率对应较大的不可恢复渗透率损坏程度。CO_2-SAG 驱不仅导致更大的整体渗透率下降，还会导致更大的不可恢复的渗透率下降。岩石不可逆的渗透率下降归因于 CO_2-地层水-岩石相互作用，但其对渗透率变化的影

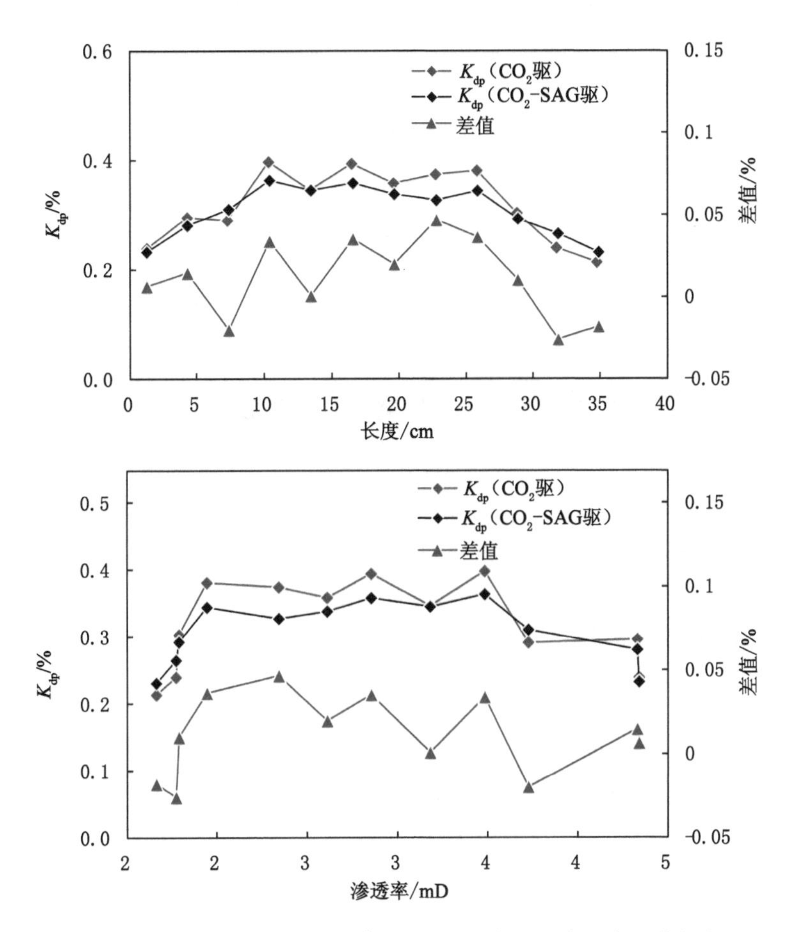

图 4-21　驱替后平均每 1% 的原油采收率对应渗透率下降幅度

响比沥青质沉淀要小，仅占岩石整体渗透性损害的 3.9%～12.1%。该值较小的原因为 CO_2、地层水和岩石之间的接触面积有限，以及岩心驱替时间短，不利于充分的 CO_2-地层水-岩石相互作用。

CO_2-SAG 驱后 K_{du} 和 R_{kd} 的值更高，因为浸泡过程使 CO_2-地层水-岩石相互作用时间长。长岩心注入端具有较大渗透率的岩心的不可逆渗透率下降幅度高，这是由于浸泡过程注入端岩心中残余油饱和度低，CO_2 饱和度高，孔隙体积更大，CO_2、地层水和岩石之间的接触面积大，CO_2-地层水-岩石相互作用更充分，对应 R_{kd} 值越大。长岩心驱替实验后的 R_{kd} 值高于短岩心驱替实验（$R_{kd}<5\%$），这可能是由于长岩心中碳酸盐矿物和黏土矿物含量较高以及驱替时间较长所致。

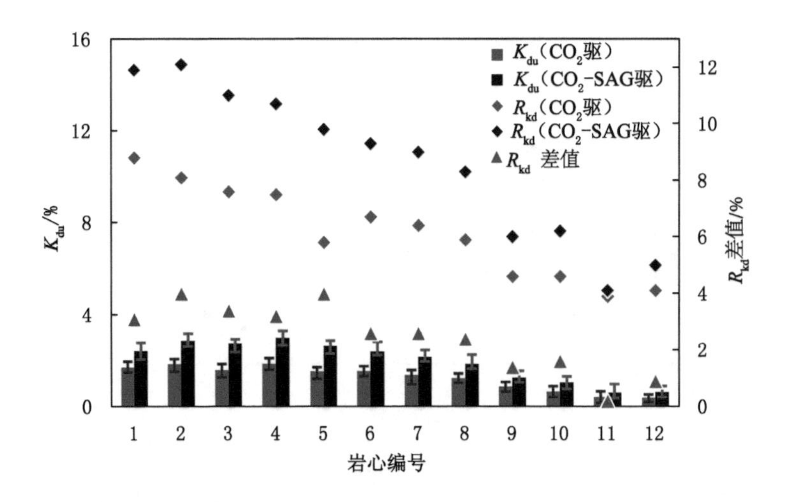

图 4-22　短岩心不可逆损害程度及其占总渗透率下降幅度的比例

4.4.2　岩心孔喉堵塞和润湿性变化分布

图 4-23 中的 T_2 谱显示了岩心 2、7、11 在驱替前和在驱替后用盐水重新饱和时的盐水分布。岩心经过清洗并在盐水中老化，而沥青质沉淀在重新饱和岩石之前仍留在孔隙中。根据 T_2 谱计算 S_{wv} 值，S_{wv} 值代表了沥青质析出造成的堵塞和沥青质在孔隙中吸附引起的润湿性变化对岩心物性的综合影响。岩心 CO_2 驱实验结果(4.2 节)表明沥青质沉淀吸附引起的润湿性变化对 S_{wv} 值的影响较大。大孔隙和相关的孔喉是 CO_2 驱油和沥青质沉淀的主要通道。因此，通过 T_2 谱测量的大孔的信号幅度降低。CO_2-SAG 驱后饱和盐水的信号幅度下降更多。

图 4-24 显示了 CO_2 驱和 CO_2-SAG 驱过程长岩心中 S_{wv} 分布，以及两个驱替过程之间的 S_{wv} 差异。对于 CO_2 驱，S_{wv} 值沿注入方向逐渐减小，与剩余油饱和度分布一致。残余油饱和度高意味着 CO_2 波及体积较小，CO_2 与原油的相互作用不充分。沥青质规模小，涉及的孔隙范围小，岩心润湿性变化小，导致 S_{wv} 值小。浸泡过程导致更多孔隙中沥青质析出，CO_2-SAG 驱后 S_{wv} 值更大，沿注入方向先升后降，长岩心中间岩石的 S_{wv} 最大。此外，CO_2-SAG 驱和 CO_2 驱后 S_{wv} 的差异沿注入方向变大。

图 4-25 显示了岩心 2、7、11 中 CO_2 驱和 CO_2-SAG 驱后不同半径范围孔隙中 S_{wv} 的差异。在岩心 2 中 S_{wv} 差值很小，并且不同孔隙半径范围内该差值均匀

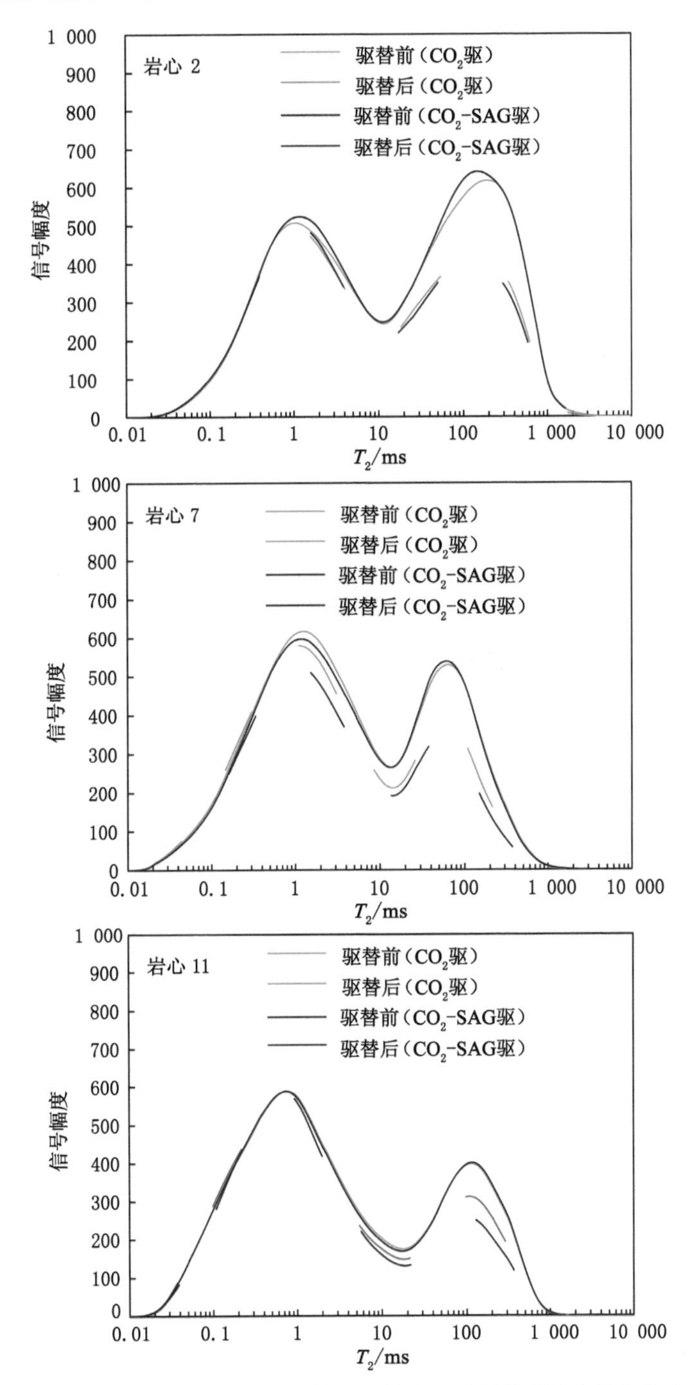

图 4-23　岩心 2、7、11 驱替前的初始饱和盐水以及驱替后再次饱和盐水分布

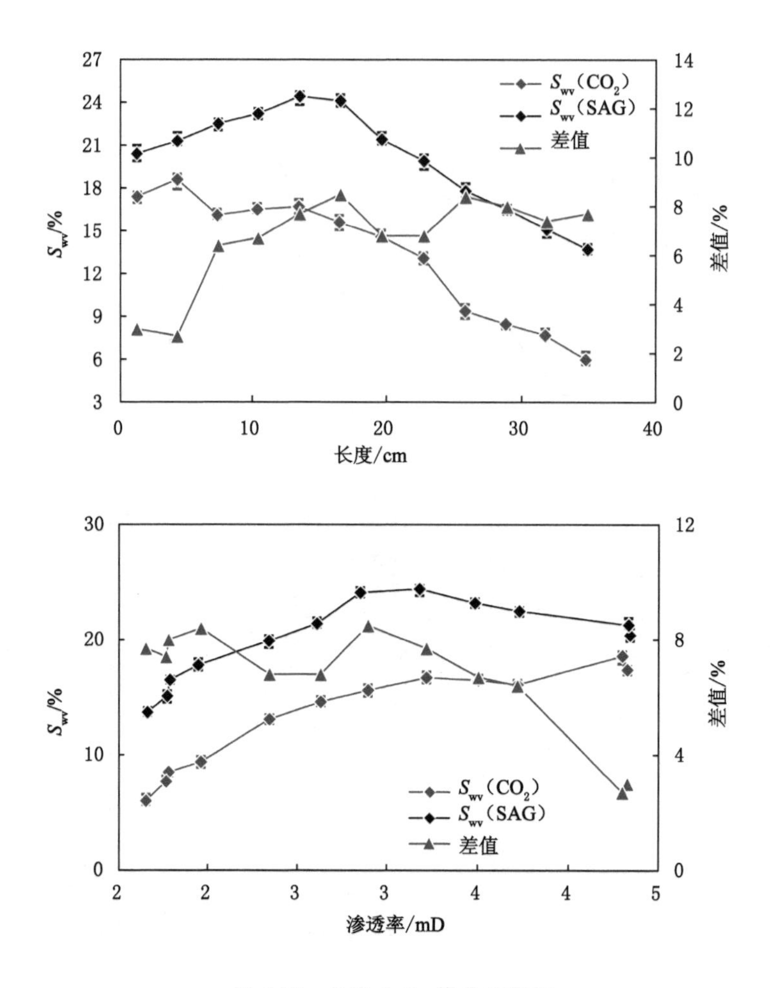

图 4-24　长岩心 S_{wv} 值分布特征

分布。这是因为注入端附近高渗透率的岩心中原油已经通过 CO_2 驱过程有效驱替出。岩心 7、11 各尺寸孔隙中浸泡导致的 S_{wv} 的增加幅度均大于岩心 2，且孔径越大 S_{wv} 增加幅度越大，最大孔隙(100～1 000 ms)中该增加幅度并不是最大值，而中等孔隙(1～100 ms)中该增加幅度最大。表明在长岩心中部和靠近出口处岩心的中等孔隙中浸泡过程对沥青质沉淀和吸附的促进作用更大，从而对润湿性变化的影响更大。

图 4-26 显示了 CO_2 驱和 CO_2-SAG 驱过程中 S_{wv} 和原油采收率之间的关系。具有较大采收率的岩心通常具有较大的 S_{wv} 值，因为再次饱和的盐水占据的空间是采出原油腾出的空间。另外相同原油采收率条件下，CO_2-SAG 驱对应

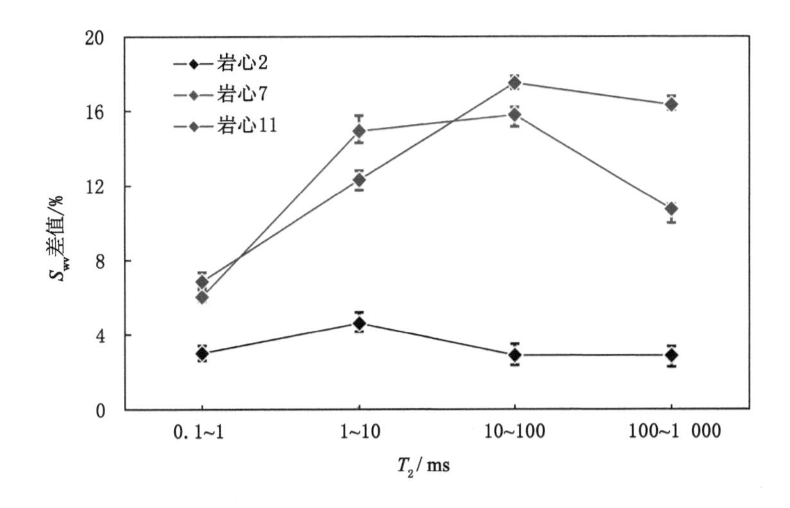

图 4-25　岩心 2、7、11 中 CO_2 驱和 CO_2-SAG 驱后不同半径范围孔隙中 S_{wv} 差异

的 S_{wv} 值越大。这表明 CO_2-SAG 驱的浸泡过程导致大量的沥青质吸附，更显著地改变了岩石的润湿性。

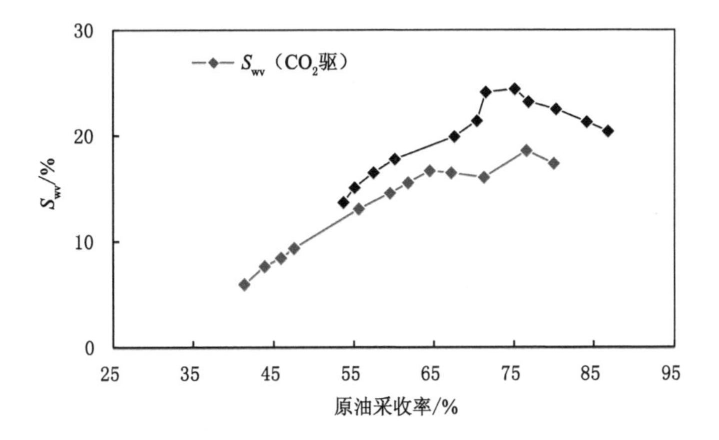

图 4-26　CO_2 驱和 CO_2-SAG 驱过程中 S_{wv} 和原油采收率的关系曲线

图 4-27 显示了 CO_2 驱和 CO_2-SAG 驱过程中 S_{wv} 和可恢复的渗透率下降的关系。其中，可恢复的渗透率下降对应沥青质沉淀堵塞及吸附，两条拟合曲线都是线性且平行的，表明 S_{wv} 值与沥青质沉淀密切相关。

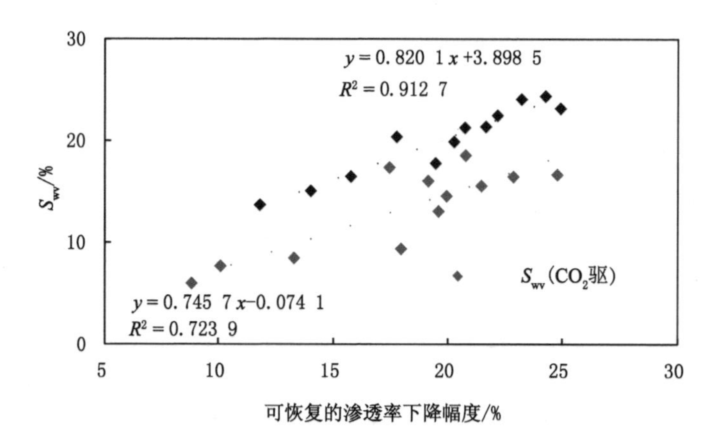

图 4-27 CO_2 驱和 CO_2-SAG 驱过程中 S_{wv} 和可恢复的渗透率下降的关系曲线

4.5 非均质多层储层中 CO_2-SAG 驱后储层物性变化

多层系统的非均质性也影响 CO_2-SAG 驱后储层渗透率损害的分布和程度。此外，沥青质沉淀的吸附和堵塞机制对储层内不同位置的岩石渗透率造成不同程度的损害。有必要区分堵塞和吸附对渗透率的损害分布特征，以便在非均质多层储层中制定更有针对性和更有效的措施，防止或减少沥青质沉淀对 CO_2-SAG 驱油效果的影响。本节针对多层系统 CO_2-SAG 和 CO_2 驱油实验（3.5 节），分析沥青质沉淀堵塞及吸附机制对渗透率损害的分布，并综合评判多层系统 CO_2-SAG 驱油技术在驱油效果改善及渗透率损害增加之间的平衡。

4.5.1 驱替后岩心渗透率变化特征

驱替后岩心渗透率下降幅度为渗透率下降值占初始渗透率的百分比，CO_2 驱和 CO_2-SAG 驱后长岩心中渗透率下降幅度分布如图 4-28 所示。

沥青质沉淀堵塞流动通道导致渗透率下降，其中沥青质沉淀的程度、沥青质颗粒运移、堵塞孔喉的效率控制渗透率下降幅度。具有较高原油采收率部分的岩石在驱替期间容纳了更多的 CO_2 通过，导致更多的沥青质沉淀，进而导致渗透率下降幅度更大。

CO_2 驱后，高渗长岩心注入端（L＝0～27 cm）渗透率下降约 25％，之后到出口端渗透率下降幅度不断减小到 11.5％。这种渗透率下降分布趋势是 CO_2 驱

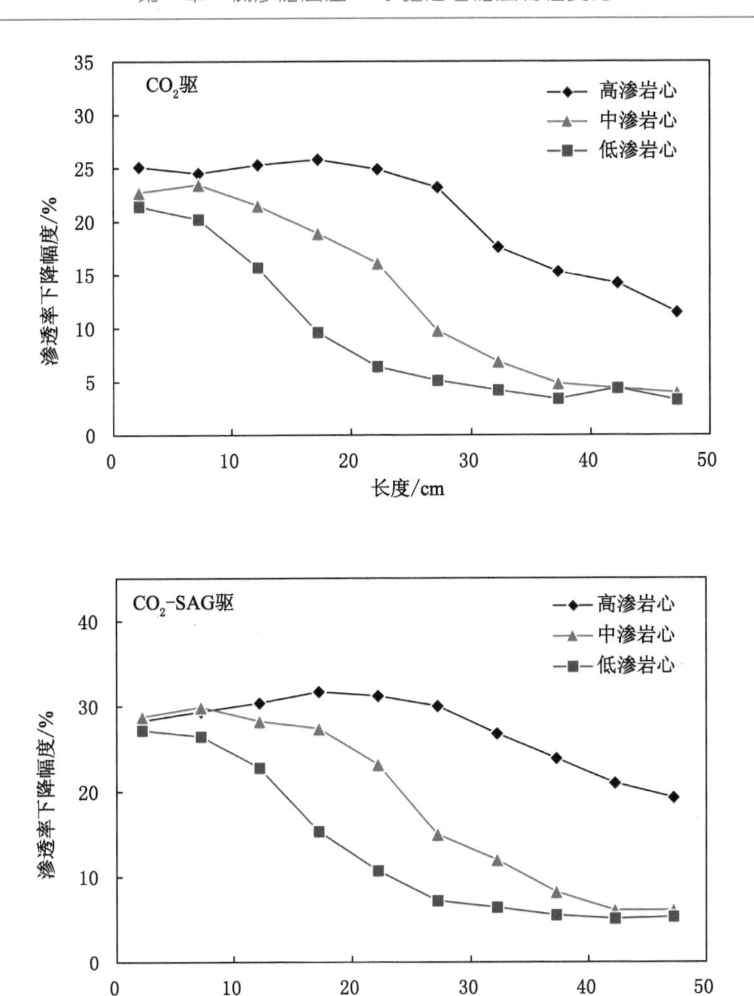

图 4-28　CO_2 驱和 CO_2-SAG 驱后每个岩心渗透率下降特征

替前缘不断推进过程中，CO_2 在原油中不断溶解，沥青质颗粒形成、沉淀、运移，沥青质在颗粒表面的吸附及孔喉堵塞综合导致的结果。中、低渗长岩心的渗透率下降趋势比较相似，但在注入端渗透率下降幅度略小（$L=0\sim7.5$ cm 时下降幅度约 23％），但随后逐渐下降，直至出口端渗透率下降幅度仅为 4％。

CO_2-SAG 驱后高、中、低渗长岩心的渗透率下降幅度均大 CO_2 驱。CO_2-SAG 驱后各个岩心渗透率下降趋势与 CO_2 驱后相似，但是渗透率下降幅度均大 CO_2 驱。这是因为在浸泡过程中，大量 CO_2 溶解在残余油中，沥青质沉淀量增加，从而堵塞孔喉效果更显著，对应了产出油中沥青质含量变化特征。与 CO_2

驱相比，CO_2-SAG 驱的渗透率沿岩心下降的趋势更平滑，其原因在于浸泡过程导致沥青质沉淀更均匀。

CO_2 驱和 CO_2-SAG 驱后渗透率下降幅度差异分布如图 4-29 所示。高渗层中的 ΔK_d 值沿注入方向增加。越靠近出口端，CO_2 突破时的残余油饱和度越高。与 CO_2 驱相比，CO_2-SAG 驱过程中伴随浸泡阶段的沥青质沉淀量更大，二次驱过程中沥青质沉淀对出口端岩心渗透率影响较大。

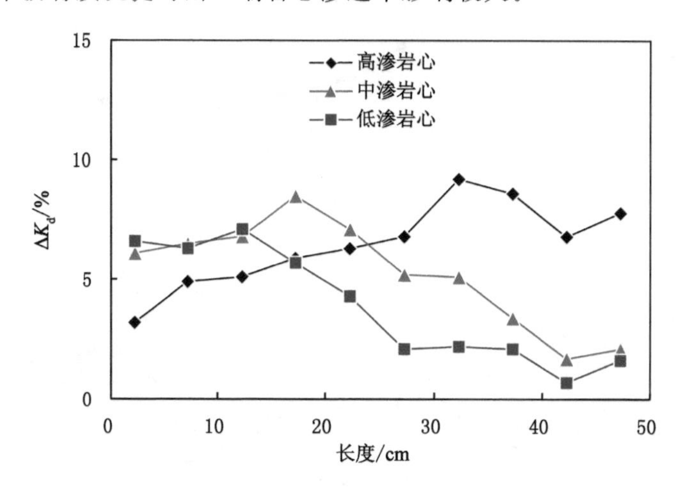

图 4-29　CO_2 驱和 CO_2-SAG 驱后渗透率下降幅度差异分布

中、低渗长岩心 ΔK_d分布趋势沿注入方向递减，与高渗长岩心 ΔK_d分布趋势正好相反。这也表明浸泡阶段 CO_2 与原油在的相互作用主要发生在 CO_2 突破前注入 CO_2 波及的孔隙中，即中、低渗长岩心靠近注入端的岩石。CO_2 浸泡和二次驱替过程增加了这部分岩石渗透率下降的幅度，但对出口端附近岩石的渗透率影响较小。

中、低渗岩心近注入端附近岩石的 ΔK_d高于高渗岩心注入端附近岩石的 ΔK_d，表明 CO_2-SAG 驱在中、低渗岩心注入端造成了显著的额外渗透率损伤，应针对相应的注入井采取相应措施。另外，CO_2 浸泡和二次驱替对中渗长岩心注入端和中部渗透率下降影响较大，而在低渗岩心中该影响值发生在注入端。这是由于 CO_2 浸泡和二次驱替前缘的推进作用较弱，但显著增加了被 CO_2 波及岩石的渗透率下降幅度。因此，CO_2 驱和 CO_2-SAG 驱原油采收率差异（ΔRF）的分布特征基本相似。

用 CO_2 驱和 CO_2-SAG 驱后每 1％原油采收率对应的渗透率下降幅度（K_{dp}），来综合考量多层长岩心系统原油采收率的提高和渗透率的损害，如图 4-30 所示，该值越小表明驱替效果越好。

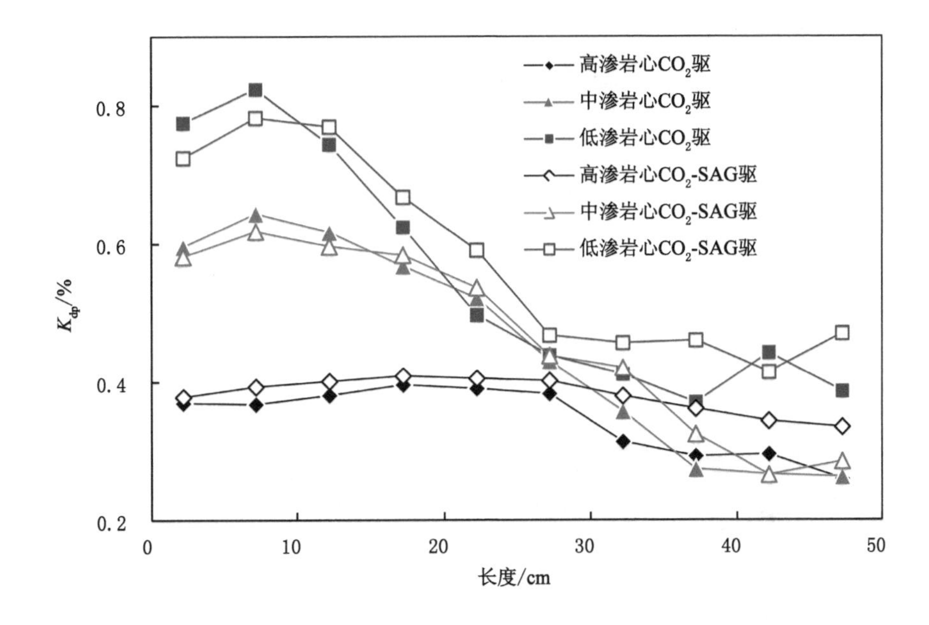

图 4-30　驱替后平均每 1%的原油采收率对应渗透率下降幅度

高渗长岩心的平均 K_{dp} 最小，CO_2 驱和 CO_2-SAG 驱分别为 0.21%～0.36%和 0.29%～0.35%，中渗长岩心的平均 K_{dp} 值略高于高渗长岩心，为 0.21%～0.59%和 0.22%～0.57%，低渗长岩心平均 K_{dp} 值最大，为 0.31%～0.77%和 0.36%～0.73%。这表明高渗透率不仅导致较高的原油采收率，而且削弱了沥青质沉淀导致的渗透率下降的影响。高渗透率对由沥青质沉淀吸附和沥青质颗粒堵塞孔喉引起的渗透率下降相对不敏感，且 K_{dp} 沿着 CO_2 注入方向变化不大。然而对于中、低渗长岩心，K_{dp} 值在注入端附近变化较小，之后沿 CO_2 注入方向呈现明显的下降趋势。

其原因在于高渗岩心中存在 CO_2 突破现象，气驱前缘已经推进到高渗长岩心的出口，而此时中、低渗岩心中驱替前缘仅推进到注入端附近，驱替结束后并未发生 CO_2 突破。K_{dp} 值在驱替前缘附近(中、低渗长岩心 20±7 cm 和 27±7 cm 处)迅速下降。因此，尽管中、低渗长岩心的注入端也产出了一些油，但对岩心渗透率的破坏比高渗长岩心更为显著。

在高渗长岩心中，CO_2 驱和 CO_2-SAG 驱后 K_{dp} 值的差异仅存在于出口端附近的岩石，说明出口端 CO_2 浸泡及二次驱替虽然有效提高了原油采收率，但对渗透性造成了相对较大的破坏。另外，与 CO_2 驱相比，中、低渗长岩心中部岩心 CO_2-SAG 驱提高产油幅度效果小于对渗透率的破坏效果，而这种现象在高渗长岩心出口端较为显著。

4.5.2 沥青质沉淀的堵塞与吸附特征

由于沥青质沉淀的吸附和堵塞效应导致的渗透率下降幅度（K_{da} 和 K_{db}）之后通过使用多种特殊溶剂进行清洗而区分，沥青质沉淀堵塞效应造成的渗透率下降幅度（K_{db}）如图 4-31 所示，其占总渗透率下降幅度的百分比（R_b）如图 4-32 所示。

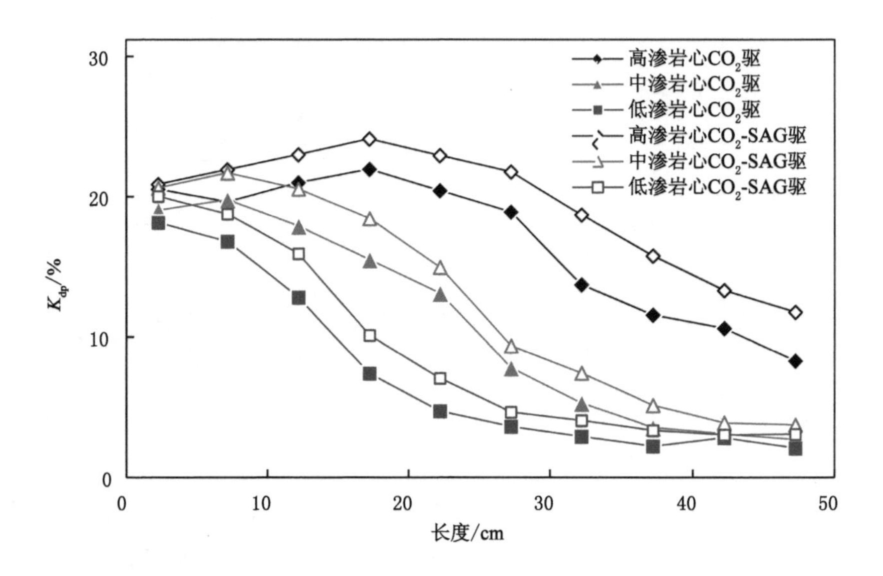

图 4-31　驱替后长岩心中沥青质沉淀堵塞导致的渗透率降低分布

通常认为，沥青质堵塞孔喉的程度受到沥青质沉淀的总体规模、沥青质粒度分布以及沥青质颗粒运移状况的综合影响。携带沥青质沉淀的流体在孔喉中的运移距离越长，流速越大，驱替时间越长，孔喉尺寸越小，流经孔喉的流体越多，孔喉被堵塞的概率越大，最终堵塞越严重。但在同一岩心中，沥青质沉淀吸附引起的渗透率下降只与沥青质沉淀的规模有关。此外，小颗粒堵塞孔喉的能力较弱，但流动性强，而大颗粒易堵塞孔喉，但流动性差。

由图 4-31 可以看出，注入端各长岩心沥青质颗粒堵塞引起的渗透率下降趋势相似。高渗长岩心对 CO_2 流动的阻力较低，导致更多的注入 CO_2 进入其中，进而导致更多的沥青质沉淀。因此，预计该岩心由堵塞引起的渗透率下降应该更大，但在长岩心的注入端并未观察到该现象。可能是岩石初始的大渗透率减弱了沥青质沉淀对渗透率的破坏作用，即使存在更大的沥青质沉淀规模。相比

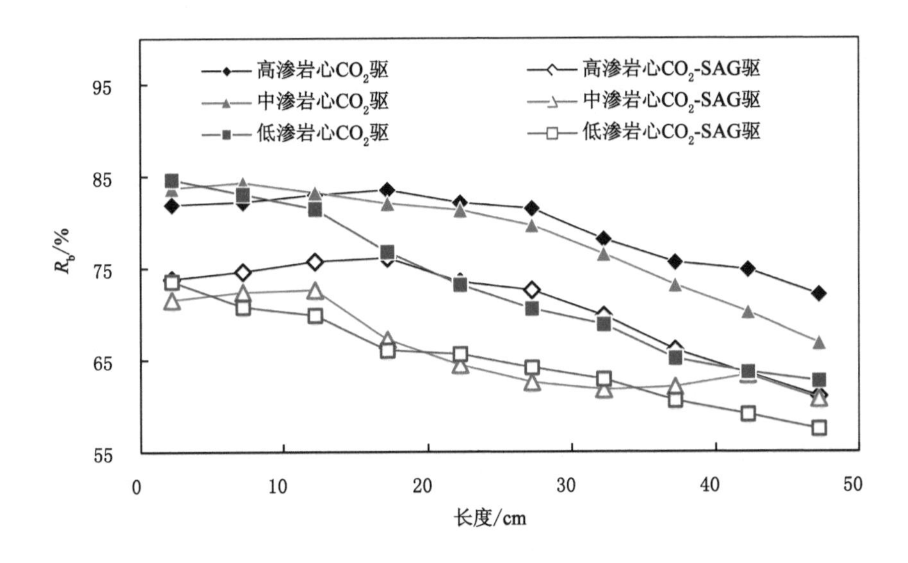

图 4-32　孔喉堵塞导致的渗透率下降幅度占总渗透率下降幅度百分比(R_b)在长岩心中的分布

之下,渗透率较低的长岩心流入的 CO_2 较少,沉积的沥青质也较少。然而,沥青质沉淀也导致了可观的渗透率下降,因为流体流动的通道更小且连通性更差。因此,注入端附近所有岩石之间的 K_{db} 差异较小。

在高渗长岩心中,K_{db} 沿注入方向逐渐增大,在岩心中部($L=17$ cm)达到最大值后迅速下降,最后出口端的值小于入口端的值。一个可能的原因是注入端和中部注入的 CO_2 与原油发生较大程度的相互作用,导致大量沥青质沉淀,在流体运移过程中不断被捕获和积累,堵塞或减小孔喉,从而加速沥青质沉淀颗粒的捕获。因此,被孔喉截留的沥青质沉淀大量聚集在长岩心的中部。沿注入方向沥青质沉淀量逐渐减少,K_{db} 值也逐渐变小。CO_2-SAG 驱后的 K_{db} 值高于 CO_2 驱。浸泡过程产生更多的沥青质沉淀,二次 CO_2 驱加剧了流体携带沥青质沉淀运移,增强了孔喉对流体中沥青质沉淀的过滤作用。中低渗长岩心 K_{db} 值沿注入方向连续减小,这也是由于驱替前缘的位置决定了 K_{db} 的分布。

各长岩心中部岩石的 K_{db} 值相差较大,而出口端中、低渗长岩心的 K_{db} 值相近,但与高渗长岩心的 K_{db} 值存在显著差异。K_{db} 在中间和出口的分布与 K_d 相似,这也是由于 CO_2 驱前缘在中、低渗长岩心的位置决定的。同时也表明堵塞是决定长岩心中间及其出口处渗透率下降的主要因素。此外,CO_2 驱和 CO_2-SAG 驱后中、低渗长岩心注入端附近岩石的 K_{db} 存在一定差异,表明 CO_2 浸泡和二次驱增加了沥青质沉淀堵塞孔隙的程度。在出口端，CO_2 浸泡和二次驱替对沥青质沉淀堵塞孔喉的程度影响较小。

CO_2 驱后长岩心注入端沥青质堵塞引起的渗透率下降百分比(R_b)相近，沿 CO_2 注入方向差异变大。高渗长岩心在 L<27 cm 的岩石 R_b 值基本保持不变，而在 27 cm<L<50 cm 的岩石 R_b 值明显下降。驱替过程中高渗长岩心驱替前缘推进到了出口端，尽管如此，出口端附近岩石孔隙中原油和 CO_2 之间的相互作用后仍不够充分。在中、低渗透长岩心中，驱替前缘没有推进到出口端，靠近出口端的位置甚至没有被 CO_2 波及。由此可知，CO_2 的波及驱替是沥青质沉淀堵塞孔喉的关键因素。可能是油气复杂的两相流动更容易造成孔喉堵塞，而不是引起沥青质的吸附。出口端附近的气油两相流复杂程度小于注入端，因此沥青质吸附对渗透率损害的影响在岩心出口端逐渐增大。

高渗长岩心的 R_b 值是三者中最大的。这是因为注入的 CO_2 主要流经该岩心，此时流速最大，油气两相流更复杂，因此沥青质沉淀堵塞导致的渗透率下降幅度占总渗透率下降幅度的比例最高。此外，CO_2-SAG 驱后的 R_b 值低于 CO_2 驱，这是由于浸泡阶段没有发生流体运移，浸泡阶段产生的沥青质沉淀主要以吸附状态影响渗透率。

CO_2-SAG 驱后各长岩心注入端 R_b 值比较接近，R_b 在中、低渗长岩心中分布特征相似，而高渗长岩心中部岩石的 R_b 值与中、低渗长岩心中部差异较大。且 CO_2 驱和 CO_2-SAG 驱后中渗层 R_b 分布趋势差异较大，说明中渗长岩心中部 CO_2 浸泡对沥青质颗粒吸附状态影响较大，导致吸附沥青质沉淀的比例增加。值得注意的是，K_{db}(CO_2-SAG 驱)>K_{db}(CO_2 驱)，而 R_b(CO_2-SAG 驱)<R_b(CO_2 驱)

无论采用何种驱替方法，沥青质沉淀堵塞孔喉对岩石渗透率的损害(>55%)均高于沥青质吸附造成的损害。这是因为孔隙堵塞有针对性地破坏了孔隙与孔喉之间的连通性。相比之下，沥青质吸附只会减小发生沉淀的孔隙和孔喉的尺寸。虽然岩石渗透性也会受到孔喉尺寸减小的影响，但大多数吸附对整体孔隙连通性没有影响。

在通过清洗沥青质沉淀恢复岩心渗透率的过程中，观察到堵塞孔喉的沥青质比吸附的沥青质沉淀更容易去除，后者需要大量溶剂进行长期循环清洗。值得注意的是，所有切割后的短岩心在彻底清洗后再次进行了渗透率测试，短岩心的渗透率与初始长岩心相比，波动幅度小于 3%，证实了岩心清洗程序的有效性以及长岩心的均质性。

同一岩心中 CO_2 驱和 CO_2-SAG 驱后沥青质沉淀吸附引起渗透率下降幅度差异(ΔK_{da})如图 4-33 所示。高渗长岩心的 ΔK_{da} 值沿注入方向逐渐增大，表明

与 CO_2 驱相比，浸泡过程更倾向于导致沥青质沉淀吸附。这是由于在 CO_2 浸泡过程开始时，靠近出口端的岩石中存在更多沥青质含量更高的残余油。

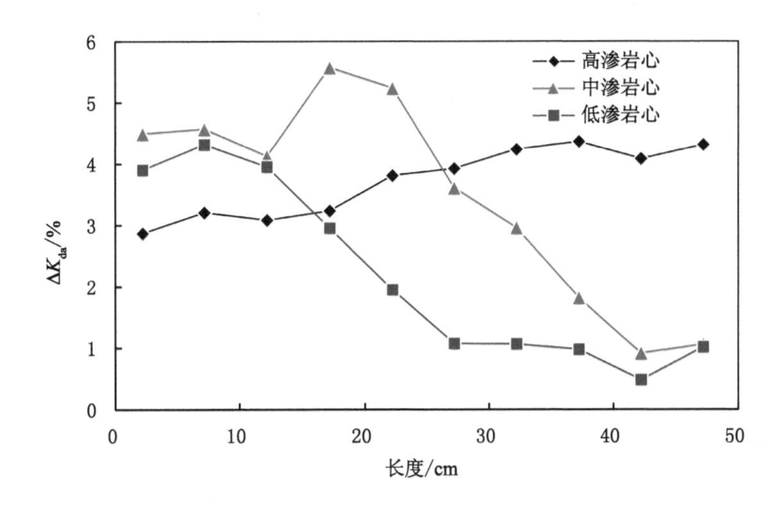

图 4-33　CO_2 驱和 CO_2-SAG 驱后沥青质沉淀吸附引起渗透率下降幅度差异分布

而中、低渗透长岩心的 ΔK_{da} 分布趋势恰好相反，呈沿注入方向下降的趋势。这种趋势是由高渗长岩心 CO_2 突破后中、低渗透长岩心中 CO_2 驱前缘滞留在岩心的位置决定，导致 CO_2 浸泡加剧了注入端沥青质沉淀吸附，并向中、低渗长岩心的中部延伸。注入端高渗层的 ΔK_{da} 远大于中、低渗长岩心的 ΔK_{da} 也证实了这一点。

4.6　本章小结

① 强非均质多层系统中进行的 CO_2 驱和 CO_2-WAG 驱实验表明，沥青质沉淀和无机相互作用对岩心渗透率的破坏受储层初始物性（非均质性、渗透率、孔喉分布）和驱替方法（影响驱替过程中流体的分布）控制。CO_2 驱后只有高渗层的渗透率明显降低，幅度为 16.1%，其中 95.1% 由沥青质沉淀造成。CO_2-WAG 驱后各层的渗透率下降幅度比 CO_2 驱后的对应层大，分别为 29.4%、16.8% 和 6.9%。虽然沥青质沉淀引起的渗透率下降幅度仍高于 CO_2 驱，但影响因素所占比例下降，尤其在高渗层中，20.6% 的渗透率降低由 CO_2-地层水-岩石相互作用引起。

② 4 块渗透率相似但孔喉结构不同的岩心中进行的混相与非混相 CO_2 驱

油实验表明，由于沥青质沉淀颗粒导致的孔喉堵塞，混相和非混相驱替后岩心渗透率分别下降了 7%～15%和 4%～8%。驱替后渗透率下降幅度与岩心孔喉结构分形维数成正比，孔喉结构均质岩心的渗透率下降幅度比非均质岩心小 2%～7%。混相条件下非均质岩心中平均每 1%的原油采收率对应渗透率下降幅度更高。混相和非混相驱替后岩心的 Amott-Harvey 指数分别下降了 25%～60%和 10%～22%。由于注入的 CO_2 波及体积更大，孔喉结构均匀的岩心油湿性增强更明显。混相条件下岩心孔喉堵塞和润湿性变化分布更均匀。均质的孔喉结构可以抵抗沥青质沉淀对岩心物性的损害，同时提高了 CO_2 驱油效果。

③ 由于沥青质的沉淀，混相 CO_2-SAG 驱后的渗透率下降幅度为 8%～19%，与分形维数呈线性关系。CO_2-SAG 驱后的渗透率下降幅度大于 CO_2 驱后的 0.6%～3.6%，而平均每 1%的原油采收率对应的渗透率下降幅度小于 CO_2 驱。CO_2-SAG 驱后岩石物理性质的综合变化（渗透率下降和润湿性变化 S_{wv}）为 9%～12%，高于 CO_2 驱（6%～9%），这主要是由于 CO_2 浸泡导致的润湿性变化更大。岩心孔喉结构越均匀，原油采收率越高，但润湿性变化越大。CO_2-SAG 驱是一种比 CO_2 驱更有效的改善原油采收率的方法，特别是对于孔喉结构较差的岩心，且对岩心的损害相对较小。

④ 沿流动方向渗透率递减的非均质长岩心中，CO_2-SAG 驱后沥青质沉淀导致岩心渗透率下降 12.4%～27.9%，比 CO_2 驱高 1.0%～4.5%，最大的差值出现在注入端。注入端岩心渗透率的总体下降幅度大于出口端。CO_2-地层水-岩石相互作用导致不可逆渗透率下降，CO_2-SAG 驱后不可逆渗透率下降占总渗透率下降的 4.1%～12.1%，大于 CO_2 驱。CO_2 驱后沥青质沉淀引起的岩心润湿性变化沿注入方向逐渐减小，这与残余油饱和度分布一致。CO_2-SAG 驱后变化较大，长岩心中部变化最大。浸泡过程促进了沥青质的沉淀和吸附，对岩石润湿性向亲油性转变的影响大于渗透率下降。CO_2-SAG 驱在非均质油储层中驱油效果显著，但沥青质沉淀堵塞更严重，润湿性变化程度更大。

⑤ 由不同渗透率长岩心组成的多层系统中，CO_2 驱后高渗长岩心中沿注入方向渗透率下降趋势缓慢，注入端为 24.5%～25.8%，比出口端岩心高 5.5%～14.3%。CO_2-SAG 驱渗透率下降幅度比常规 CO_2 驱高 1.6%～9.2%。沥青质沉淀堵塞引起的渗透率下降占 CO_2 驱后总渗透率下降的 84.7%～62.7%，比 CO_2-SAG 驱高 5.2%～17.1%。如果能采取措施抑制储层中沥青质的析出，CO_2-SAG 驱有望取得较好的增产效果。

第 5 章　CO_2 驱油及盐水层注 CO_2 过程中 CO_2 埋存

低渗油藏中注 CO_2 提高原油采收率过程中的 CO_2 埋存效果受到注入方式、注入条件及储层物性特征的影响。同样在盐水层注 CO_2 埋存过程中，驱替特征影响地层水和 CO_2 在储层岩石中的分布，最终影响 CO_2 埋存效果。但是相对于油藏储层中 CO_2-EOR 过程，盐水层中 CO_2 驱替地层水过程中气液两相渗流规律复杂程度相对较小。CO_2 注入过程中只存在 CO_2-地层水-岩石相互作用引起的储层物性的破坏，虽然储层物性变化规律要比 CO_2 驱油过程相对简单，但是 CO_2-地层水-岩石相互作用更充分。本章对驱油实验中 CO_2 的利用率和埋存做了评估。此外，对饱和地层水的岩心进行了注入 CO_2 实验，分析了 CO_2 注入结束后 CO_2 在岩石中的分布和埋存效果，并研究了岩石在注 CO_2 过程中物性的变化。

5.1　CO_2 驱油过程中 CO_2 埋存

本节根据第 3 章的驱油实验评估了 CO_2 驱油结束后，在不同储层以及不同 CO_2 注入方式下，CO_2 在储层岩石中的埋存效果。

5.1.1　评价方法

本部分从 CO_2 置换油的效率、CO_2 埋存效率以及 CO_2 在储层岩石剩余流体中的平均溶解度三方面对第 3 章中的驱油实验进行了 CO_2 埋存效果的评价[120-121]。为了现场方便快捷开展评估，提出以下四个评价指标：

(1) CO_2 置换原油的效率(T,cm^3/cm^3)

该指标为产出油体积与注入 CO_2 体积(70 ℃、18 MPa)的比值：

$$T=\frac{\text{产出油体积}}{\text{注入 }CO_2\text{ 体积}} \tag{5-1}$$

T 值表征了 CO_2 驱油过程中 CO_2 的利用效率。T 值越大，表明单位体积注入 CO_2 置换出油的体积越大，CO_2 的利用效率越高。

（2）改进的 CO_2 置换原油效率（T_i，%/PV）

由于不同岩心在孔隙度、孔喉结构及润湿性方面的差异，导致驱替前岩心的孔隙度及初始含油饱和度不同，即使驱替过程中具有相同的 CO_2 驱替效率，但对最后 T 值的计算仍会产生影响，因此定义改进的 CO_2 置换原油效率指标，该指标为原油采收率与注入 CO_2 体积 PV 数的比值：

$$T_i = \frac{\text{原油采收率}}{\text{注入 } CO_2 \text{ 体积 PV 数}} \tag{5-2}$$

T_i 为 1 PV 的 CO_2 获得的原油采收率。T_i 值越大，表明 CO_2 置换油的效率越高。

（3）CO_2 埋存效率（S_c，%）

该指标为驱替结束后滞留在岩心中的 CO_2 体积（70 ℃、18 MPa）与注入 CO_2 体积的比值：

$$S_c = \frac{\text{滞留在岩心中的 } CO_2 \text{ 体积}}{\text{注入 } CO_2 \text{ 体积}} \times 100\% \tag{5-3}$$

S_c 表征了注入 CO_2 的整体埋存效率。而驱替结束后滞留在岩心中的 CO_2 存在两种状态：溶解在岩心中的残余油和地层水中游离状态的 CO_2。游离状态 CO_2 的体积等于被驱出原油占据岩石孔隙空间的体积[122-123]。根据第 2 章计算的原油的体积系数，将产出原油的体积换算为地层条件下占据孔隙空间的体积，地层水体积系数接近 1。因此，游离状态的 CO_2 的体积可以根据产出油的体积计算得出。

（4）剩余流体中 CO_2 平均溶解度（D_1，cm^3/cm^3）

不同特征储层中在以不同方式注入 CO_2 驱替原油后，剩余流体中的 CO_2 浓度存在较大差异，为了评价溶解状态 CO_2 的埋存效率，根据注入和产出 CO_2 体积计算得出驱替结束后滞留在岩心中的 CO_2 体积与产出流体的体积（同样根据体积系数换算在地层条件下储层岩石孔隙中的体积）的差值代表了溶解在岩心中剩余流体中 CO_2 的量：

$$D_1 = \frac{\text{滞留在岩心中的} CO_2 \text{ 体积} - \text{产出流体体积}}{\text{孔隙体积} - \text{产出流体体积}} \tag{5-4}$$

D_1 值代表剩余流体中 CO_2 平均溶解度。D_1 值越大，表明在驱替过程中更多的 CO_2 溶解在了储层流体中。

5.1.2 储层岩石物性及 CO_2 注入方式对 CO_2 埋存效果的影响

根据上面定义的有关 CO_2 埋存效果的评价指标对本书中已进行的注 CO_2

驱油实验进行评价，评价结果见表 5-1。

表 5-1　不同物性储层岩石中以不同方式注 CO_2 后 CO_2 埋存效果评价

驱替条件	岩心编号	置换率 T /(cm^3/cm^3)	置换率 T_i /(10^2 %/PV)	埋存效率 S_c /%	D_1 /(cm^3/cm^3)
混相 CO_2 驱	多层系统	0.247	0.35	36.8	0.121
混相 CO_2-WAG 驱	多层系统	0.491	0.68	25.6	0.094
非混相 CO_2 驱	H1	0.530	1.03	64.2	0.035
	H2	0.555	0.88	64.7	0.063
	H3	0.556	0.85	64.1	0.073
	H4	0.476	1.12	57.2	0.022
混相 CO_2 驱	H1	0.479	0.90	63.22	0.109
	H2	0.500	0.81	62.80	0.142
	H3	0.492	0.74	62.24	0.185
	H4	0.484	1.11	63.12	0.063
混相 CO_2-SAG 驱(CO_2 突破时)	H1	0.530	1.05	—	—
	H2	0.594	0.96	—	—
	H3	0.623	0.93	—	—
	H4	0.550	1.27	—	—
混相 CO_2-SAG 驱	H1	0.554	1.05	80.7	0.194
	H2	0.519	0.83	68.3	0.227
	H3	0.513	0.79	66.1	0.244
	H4	0.567	1.32	85.6	0.150

(1) 强层间非均质多层储层中 CO_2 注入方式对 CO_2 埋存效果的影响

在由 3 块初始渗透率比值为 1∶11.6∶108 岩心并联组成的多层系统中，CO_2 驱油后多层系统总体 CO_2 换油率 T 为 0.247 cm^3/cm^3，是 CO_2-WAG 驱后 T 值的 50.3%。这是由于 CO_2-WAG 驱中，注入的 CO_2 主要作用是溶于原油降低原油的黏度，使原油更容易被注入的地层水驱出，CO_2-WAG 驱的 T 值其实是注入地层水和 CO_2 的共同的置换油的效率。此外，气水交替注入的方式使得注入的地层水和 CO_2 在岩石中具有更大的波及体积，减少了注入流体沿着优势渗流通道的无效驱替，提高了注入 CO_2 的利用效率。CO_2 驱后 T_i 值为 35%/PV，为 CO_2-WAG 驱的 51.2%，与 T 值结果一致。这是由于 CO_2 驱和 CO_2-WAG 驱两组实验采用的岩心物性差异很小，因此两组驱替实验前岩心组成的多层系统具有相似的孔隙体积和初始含油饱和度。

CO_2 驱后 CO_2 埋存效率 S_c 值为36.8%，比 CO_2-WAG 驱高11.2%。这是由于 CO_2-WAG 驱过程中注入的地层水作为主要驱油介质，几乎不存在压缩性，驱替结束后滞留在岩石孔隙中的地层水占据了部分孔隙空间，游离状态的超临界 CO_2 所占据的孔隙体积远小于 CO_2 驱。虽然 CO_2-WAG 驱的驱替时间长且注入压力要高于 CO_2 驱，CO_2-WAG 驱替后岩石孔隙中残余油和地层水中的 CO_2 浓度要高于 CO_2 驱[124]。但是由于 CO_2 在地层水中的溶解度远小于在地层原油中的溶解度，CO_2-WAG 驱后岩石孔隙中地层水饱和度相对更高，因此 D_1 值小于 CO_2 驱。总体上 CO_2-WAG 驱过程中 CO_2 置换油的效率相对较高，但是对于游离状态及溶解状态的 CO_2 埋存效果要比 CO_2 驱差。

(2) 孔喉结构对混相及非混相 CO_2 驱过程中 CO_2 埋存效果的影响

混相 CO_2 驱过程中孔喉结构相对均质的岩心(H2 和 H3)中 CO_2 置换油的效率 T 略高于均质性相对强的岩心(H1 和 H4)。但是由于4块岩心孔喉结构存在差异，孔隙体积以及初始含油饱和度不同，因此根据 T_i 值对实验结果进行评估。如图5-1所示，T_i 值随着孔喉结构分形维数的增大而增大，这意味着孔喉结构非均质相对强的岩心中平均每增加1%的原油，所需注入的 CO_2 的量相对少。这可能是因为在非均质性相对强的岩心中 CO_2 较早地突破，CO_2 突破之后产出油主要靠 CO_2 对原油的抽提作用，但是抽提作用只发生在较少的大孔喉中，出口端很快没有原油产出，此时驱油实验结束。而在孔喉结构相对均质的岩心中，更多的孔喉中发生抽提作用，实验总体时间较长。CO_2 抽提原油过程中 CO_2 的利用效率要低于 CO_2 对原油的溶胀及驱替。总的来说，在孔喉结构非均质较强的岩心中 CO_2 驱替更早结束，缩短了 CO_2 对原油的抽提过程，因此 T_i 值相对较大。但是这并不意味着孔喉结构非均质较强的岩心中驱油的总效果要好，T_i 值相对较大主要是由于较小的 CO_2 波及体积导致的，限制了非均质岩心中原油采收率的上限值。

由图5-1可以看出，相同岩心中非混相 CO_2 驱的 T_i 值大于混相驱，这是由于在非混相条件下 CO_2 对原油的抽提效果相对较弱，非混相驱时 CO_2 突破的时间更早，CO_2 突破后产出端很快没有原油产出。非混相 CO_2 驱总体驱替实验持续时间较短，且由于岩心内部流体压力较小，注入的 CO_2 与原油相互作用不充分，储层流体 CO_2 的浓度相对较低。整体驱替过程中，较弱的抽提作用导致 CO_2 的利用效率相对较高，因此拥有大于混相驱的 T_i。同样上述驱替特征限制了非混相 CO_2 驱原油采收率的上限值。在混相条件下，单独岩心 CO_2 驱替实验中 T_i 值高于强层间非均质多层系统中 CO_2 驱替实验，而与 CO_2-WAG 驱的 T_i 值较为接近，强的层间非均质性对 T_i 值的影响相对较大。在混相 CO_2 驱实验

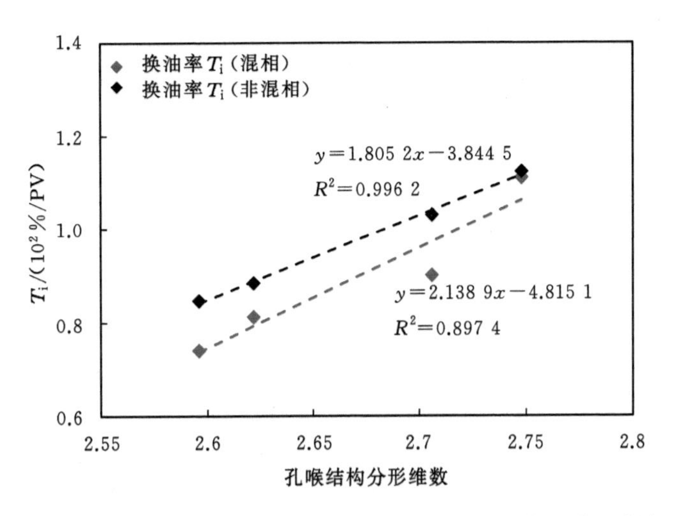

图 5-1　CO_2 驱后孔喉结构分形维数与 CO_2 换油率的关系曲线

结束后，不同孔喉结构 4 块岩心中的 CO_2 埋存效率 S_c 的值相差较小，这是由于孔喉结构相对均质的岩心中较大的 CO_2 波及体积、较大的产出油体积和相对较低的 CO_2 利用效率综合作用的结果[125]。

由图 5-2 可以看出，混相驱后孔喉结构相对均质的岩心的 D_1 值相对更高，表明驱替结束后均质岩心中流体溶解的 CO_2 浓度更高，这可能要归因于较长的驱替时间，导致 CO_2 与原油接触的时间更长。

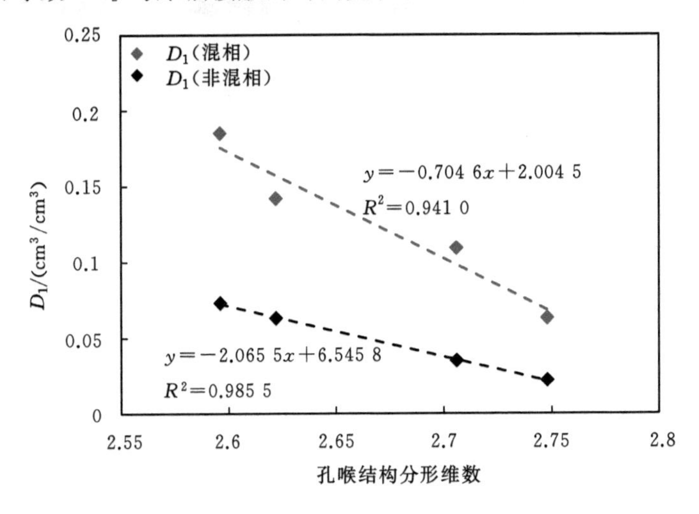

图 5-2　CO_2 驱后孔喉结构分形维数与 D_1 值的关系曲线

混相及非混相 CO_2 驱过程中 CO_2 的埋存效率 S_c 值之间的差异也较小。混相驱后虽然产出油体积大，对应的滞留在岩石孔隙中游离状态的 CO_2 的体积也大，但是驱替过程中注入的 CO_2 的量大而总体 CO_2 利用效率相对低，导致混相及非混相 CO_2 驱的总体 CO_2 埋存效率差异较小。但是由于较高的驱替压力，混相 CO_2 驱结束后岩石孔隙中的剩余流体里 CO_2 的浓度更高[126]，因此混相 CO_2 驱后 D_1 值高于非混相驱。

(3) CO_2 浸泡过程对 CO_2 埋存效果的影响

CO_2-SAG 驱过程中的 CO_2 浸泡阶段使注入的 CO_2 与储层岩石孔隙中的流体接触时间更长，相互作用更充分。图 5-3 对比了混相 CO_2 驱、CO_2-SAG 驱 CO_2 突破时以及 CO_2-SAG 驱最终的 CO_2 置换油的效率。

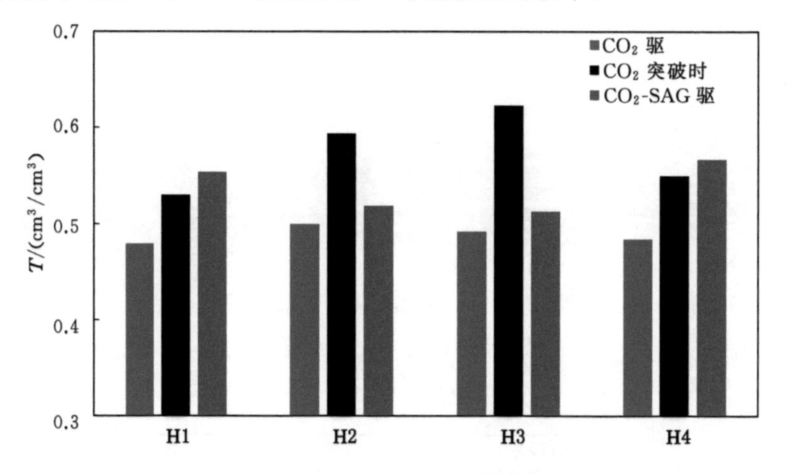

图 5-3 不同岩心中驱油结束后 CO_2 的换油率

由图 5-3 可以看出，CO_2 突破时 CO_2 换油的效率要高于混相 CO_2 驱结束后，这是由于 CO_2 突破后的驱替阶段，原油的生产主要依赖于 CO_2 对原油的抽提作用，这个过程中 CO_2 利用效率相对较低。CO_2-SAG 驱替过程中 CO_2 置换油的效率高于 CO_2 驱，这是由于 CO_2 浸泡过程使 CO_2 突破时滞留在岩心孔隙内的 CO_2 溶解进入更多的孔隙原油中，有效降低了这部分原油的黏度，使后续的 CO_2 驱替过程中 CO_2 驱油效率更高，CO_2 置换油的效率也更高。然而在孔喉结构非均质相对较强的样品 H1 和 H4 中 CO_2 突破时 CO_2 换油率高于 CO_2-SAG 驱整个过程 CO_2 置换油的效率，而对于孔喉结构相对均质的样品 H2 和 H3，其结果正好相反。这是由于 CO_2 浸泡阶段结束后，第二次 CO_2 驱依然受非均质的影响，样品 H1 和 H4 中的驱替过程更短，因此总体 CO_2 换油率高。

图 5-4 显示了 CO_2-SAG 驱 CO_2 换油率 T_i 值大于 CO_2 驱，表明平均每 1%

的原油采收率所需CO_2 PV数少，且都随着孔喉结构分形维数增加而增大，表明孔喉非均质性越强，CO_2置换油的效率越高，同样也是由于非均质性强的岩心中的驱替实验结束较早，CO_2对原油的抽提过程较短所致[127]。

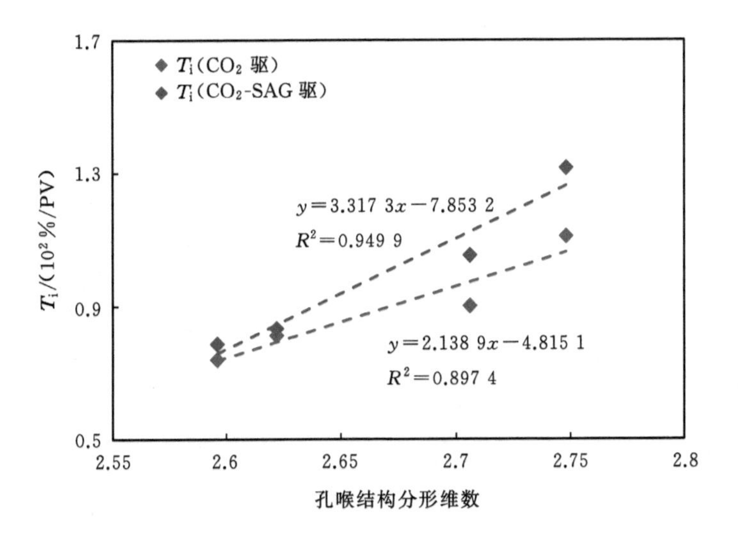

图5-4　孔喉结构分形维数与CO_2换油率T_i的关系曲线

图5-5显示了在混相CO_2驱和CO_2-SAG驱实验结束后，不同孔喉结构4块岩心中的CO_2埋存效率S_c。CO_2浸泡阶段使CO_2-SAG驱结束后岩心中剩余流体里的CO_2浓度高于混相CO_2驱，岩石孔隙中流体溶解了更多的CO_2。此外，CO_2-SAG驱出了更多的原油，实验结束后岩石孔隙中游离状态的CO_2体积也更大。CO_2浸泡有效地降低了原油的黏度，使后续注入的CO_2驱替效率更高，减少了CO_2的无效循环。孔喉结构非均质相对较强的岩心H1和H4中

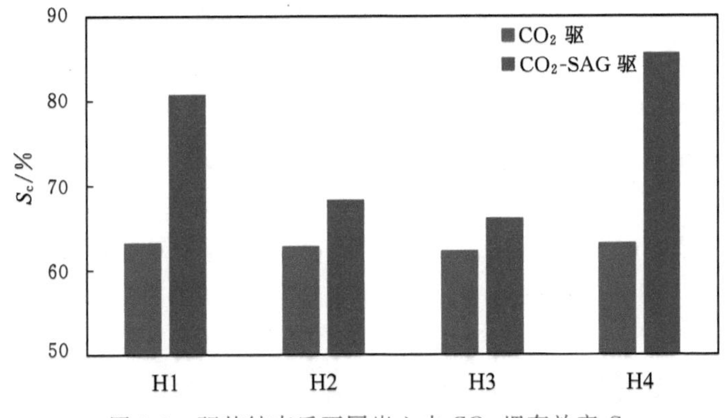

图5-5　驱替结束后不同岩心中CO_2埋存效率S_c

CO_2 埋存效率相对较高的原因也是较早地结束了 CO_2 的注入，缩短了 CO_2 抽提原油的过程。

由图 5-6 可以看出，CO_2-SAG 驱后 D_1 值相对更高，表明驱替结束后孔喉结构相对均质的岩心中流体溶解的 CO_2 浓度更高，这归因于 CO_2 浸泡阶段使 CO_2 与原油接触的时间更长。

综上所述，CO_2-SAG 驱结束后 CO_2 埋存效率要高于 CO_2 驱。

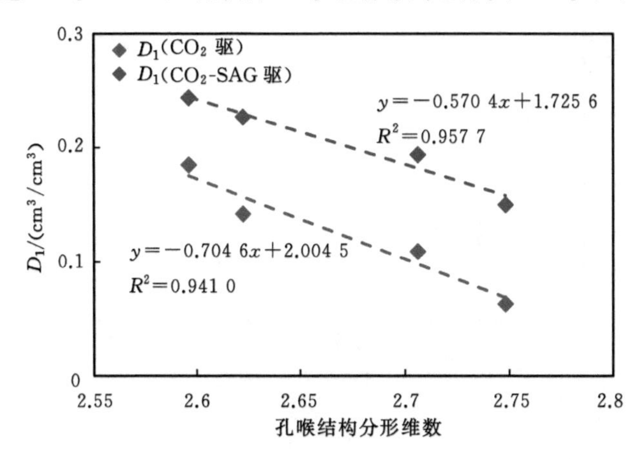

图 5-6　驱替结束后孔喉结构分形维数与 D_1 值的关系曲线

5.2　盐水层注 CO_2 埋存

本节主要通过向饱和地层水岩心中注 CO_2 驱替地层水的实验，重点研究了注 CO_2 驱替地层水特征，以及驱替后 CO_2、地层水的分布和 CO_2 在岩石中的埋存。通过对比岩石注入 CO_2 前后岩石渗透率、孔隙度、孔隙微观形态及孔隙半径分布，分析了盐水层注 CO_2 过程中岩石物性变化规律。此外，与向盐水层注 CO_2 埋存过程相类似，CO_2 驱油过程中注入井周围的岩石中含水饱和度极高，岩石矿物、CO_2、地层水接触充分，也会引发较强的 CO_2-地层水-岩石相互作用，造成近井高含水储层岩石物性变化[128]，改变了岩石中地层水和 CO_2 的分布状态，导致储层注水和 CO_2 的能力严重下降。因此，本节在地层条件下不仅进行了向饱和地层水岩石直接注入 CO_2 的驱替实验，而且作为对比也进行了以气水交替的方式向岩石中注 CO_2 的实验，并在实验前通过 NMR、SEM、XRD 及测孔隙度、渗透率等手段对所选岩心物性进行了分析，选出作为实验材料的岩心进行对比实验。

5.2.1　实验过程

（1）岩心处理及分析

实验所用岩心 HU24 取自未注过 CO_2 的储层，且在实验前洗去岩心的无机盐和有机杂质。与沥青质沉淀造成的岩石物性变化不同，CO_2-地层水-岩石相互作用会对岩石造成不可逆的损害，因此为了保证实验前岩石样品具有相同的初始物性，实验样品不能重复使用。实验前将岩心 HU24 分割为 HU24-1、HU24-2、HU24-3 三块等分样品，并分别从每块岩心上切下一片厚度为 2 mm 的薄片，编号为 HU24-A、HU24-B 和 HU24-C（图 5-7）。实验前对 HU24-1、HU24-2 及 HU24-3 进行渗透率、孔隙度及 NMR 测试，得到岩心的渗透率、孔隙度及孔隙半径分布（图 5-8）。对 HU24-A、HU24-B 和 HU24-C 取样，利用扫描电镜观察新鲜面上孔隙的微观形态，HU24-A、HU24-B 和 HU24-C 剩余部分通过 XRD 测试分析岩心所含矿物种类及含量。HU24 岩心样品的基本参数见表 5-2、表 5-3。岩心 HU24-2 与 HU24-3 测得的渗透率及孔隙度较为接近，且 T_2 谱重合程度高，表明岩心 HU24-2 与 HU24-3 孔隙半径分布较为接近。另外，XRD 分析结果显示三块岩心矿物种类及含量相似，可以认为三块岩心具有相近的物性。

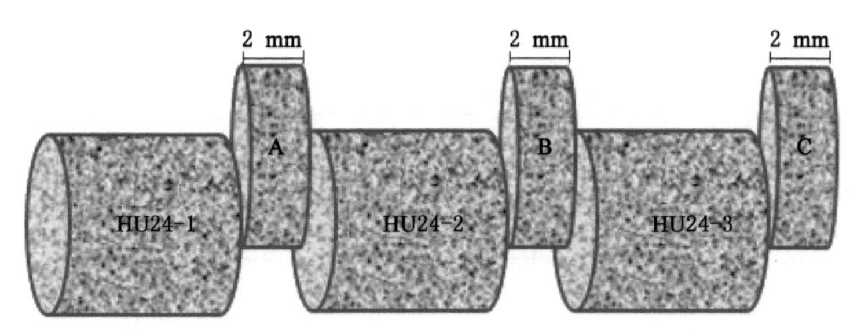

图 5-7　岩心 HU24 分割示意图

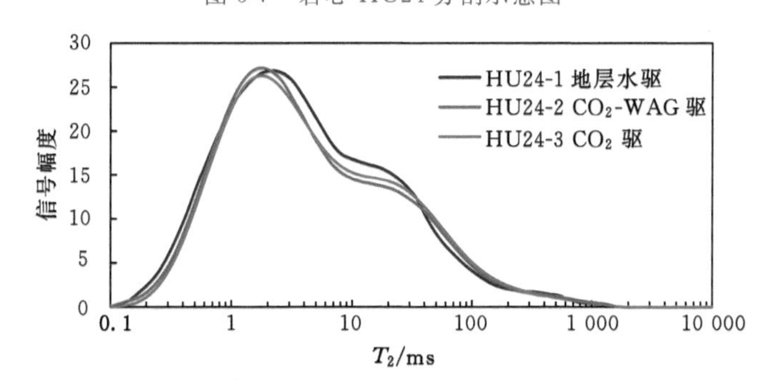

图 5-8　驱替实验前三块岩心的核磁共振 T_2 谱

表 5-2　岩心样品基本参数

岩心编号	长度/cm	直径/cm	渗透率/mD	孔隙度/%
HU24	7.56	2.524	0.463	10.13
HU24-1	2.13	2.523	0.477	10.47
HU24-2	2.19	2.525	0.452	9.91
HU24-3	2.17	2.522	0.449	9.96

表 5-3　岩心样品矿物种类及含量

岩心编号	矿物含量/%					
	石英	长石	岩屑	碳酸盐矿物	黏土矿物	其他
HU24-1	33.9	32.1	23.8	5.4	3.9	0.9
HU24-2	35.2	31.1	22.6	6.1	4.3	0.7
HU24-3	34.6	30.2	23.9	6.7	4.2	0.4

(2) 实验设备及步骤

图 5-9 所示为本实验的主体实验装置，是一岩心多功能驱替系统。实验装置主要由温度和压力控制系统、岩心驱替系统、产出流体收集计量系统组成，温度和压力设置为 70 ℃、18 MPa。

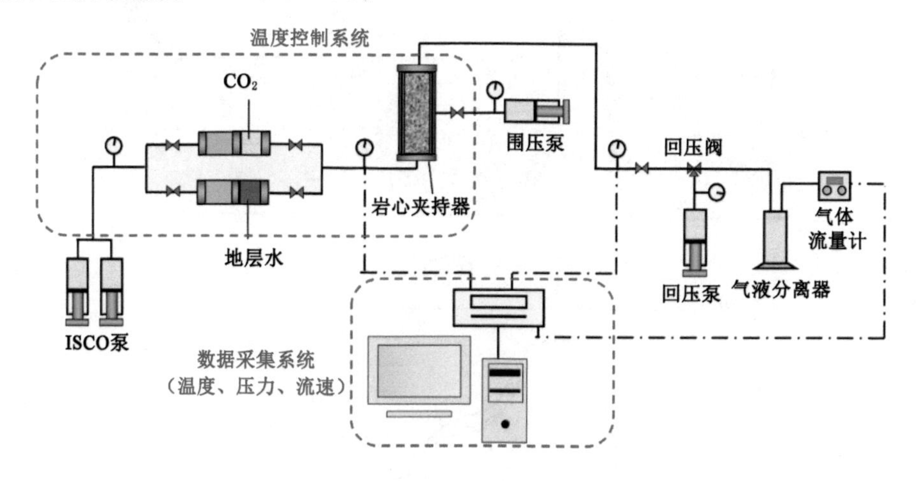

图 5-9　岩心驱替实验装置示意图

实验前将设备放置在恒温箱中用抗腐蚀管线连接，将 CO_2 及地层水分别装入中间容器中，同时将岩心 HU24-3 抽真空饱和地层水之后放入岩心夹持器中，并用地层水驱替 3 PV 确保岩心完全饱和。调节恒温箱温度至实验温度，并保持 24 h 后开始用 CO_2 驱替岩心，出口端压力设置为 18 MPa，设置驱替速度为 1 mL/h，监控入口端和出口端压力，收集并计量产出流体体积。当压差在 1 h 内保持不变且总驱替时间大于 150 h 时停止驱替。

岩心 HU24-3 驱替结束后，以相同的条件对岩心 HU24-2 进行 CO_2 和地层水交替驱实验（气水段塞体积比为 2∶1，段塞体积为 0.3 PV[129]），当总驱替时间 150 h时停止驱替。最后为了排除高矿化度地层水对驱替实验后物性变化的影响，以相同的实验条件对岩心 HU24-1 进行地层水驱。每块岩心驱替结束后进行 NMR 测试获得岩心中地层水的分布，之后将其烘干，测渗透率和孔隙度值，重新将岩心抽真空、饱和地层水进行 NMR 测试，得到每块岩心完全饱和地层水时的 T_2 谱。

5.2.2 CO_2 埋存效果

(1) 注 CO_2 驱替特征

图 5-10 显示了三组驱替实验过程中驱替压差随注入流体体积的变化曲线。由图 5-10 可以看出，单纯注入地层水过程中，驱替压差基本保持不变，这是由于岩心内部始终是单相地层水的渗流。在 CO_2 和地层水交替注入过程中，平均驱替压差最大，呈周期性变化，且一个周期内变化幅度较大。这是由于驱替过程中岩心中始终存在气水两相渗流，在一个周期内岩心内含水饱和度不断发生变化。在注入初期（注入流体体积小于 20 PV，即第十个周期）一个周期内平均压差逐渐升高，之后趋于稳定，且一个周期内驱替压差变化的幅度也趋于稳定，此时一个周期内地层水和 CO_2 的饱和度变化近乎周期性重复[74]。此外，在驱替压差平稳阶段，平均压差有缓慢上升的趋势。在持续注入 CO_2 过程中，CO_2 迅速发生突破，形成 CO_2 气窜通道，此时驱替压差迅速下降。随着岩心内部地层水不断被驱出，岩心含水饱和度不断下降，气相相对渗透率逐渐增加，导致驱替压差持续下降。虽然岩心内仍然是气水两相渗流，但是驱替压差低于持续注入地层水时的驱替压差。当岩心中的地层水分布不再发生变化时，驱替压差趋于稳定，此时岩心内的地层水主要以束缚水的形态存在于岩心内部。

表 5-4 显示了持续 CO_2 注入和气水交替注入时，注入流体体积和与之对应的产出流体的体积。在气水交替注入过程中，产出地层水的量略微高于注入地层水的量，且一个周期内产出的地层水和 CO_2 的量与前一个周期的产出流体体积存在差异。直到第十个注入周期时，一个周期内产出地层水和 CO_2 的量几乎不再发生变化，表明此时一个周期内岩心内部 CO_2 和地层水的分布与流动状态出现周期性的变化，与驱替压差的变化规律相对应。同时，这也表明从注入周期的尺度，在气水交替注入过程中岩石孔隙容纳 CO_2 的能力达到稳定。在持续 CO_2 注入过程中，随着 CO_2 的不断注入，产出地层水的量不断增加，当 CO_2 突破

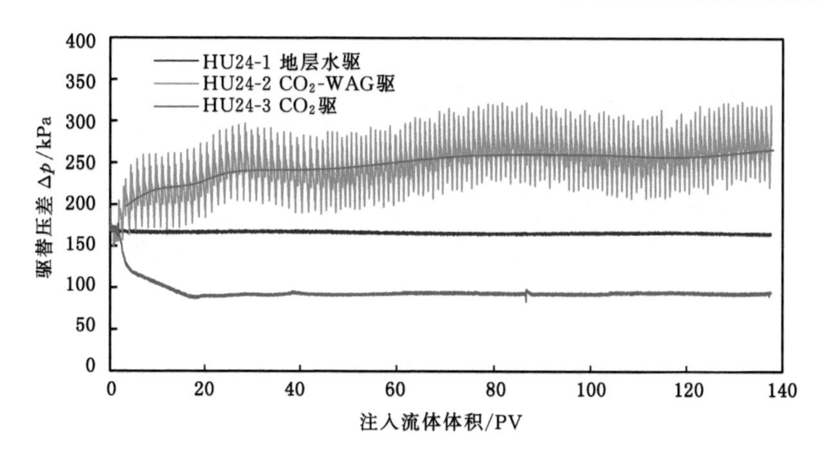

图 5-10 驱替过程中压差的变化曲线

后，地层水产出速度减小，CO_2 突破前产出地层水的总量远高于 CO_2 突破后。当注入流体体积达到 6.16 cm^3 时不再有地层水产出，且 1 h 内注入 CO_2 的量与 CO_2 产出的量几乎相当，表明在持续 CO_2 的注入过程中，岩心孔隙容纳 CO_2 的量达到最大值。

表 5-4 驱替过程中注入流体与产出流体体积

注入方式	注入流体体积/cm^3		产出流体体积/cm^3	
	地层水	CO_2	地层水	CO_2
WAG	1.09	1.09	1.48	0.68
	2.17	2.17	2.51	1.81
	5.43	5.43	5.72	5.12
	10.86	10.86	11.10	10.60
	16.29	16.29	16.55	15.95
	74.93	74.93	75.2	74.61
CO_2	—	0.37	0.34	0
	—	1.73	0.41	1.28
	—	2.59	0.48	2.06
	—	6.16	0.56	5.55
	—	11.45	0.56	10.84
	—	19.22	0.56	18.61
	—	150.12	0.56	149.51

注：CO_2 体积为 70 ℃、18 MPa 条件下的体积。

(2) CO_2注入结束后地层水和CO_2分布

图5-11所示为CO_2注入结束后通过NMR测试测得的岩心中地层水分布，根据T_2谱中地层水信号强度计算出残余水体积。测试结束后，缓慢释放岩心夹持器内岩心压力，计量CO_2注入结束后岩心内滞留CO_2的体积，并将岩心称重之后烘干测得岩心中残余地层水的体积，见表5-5。

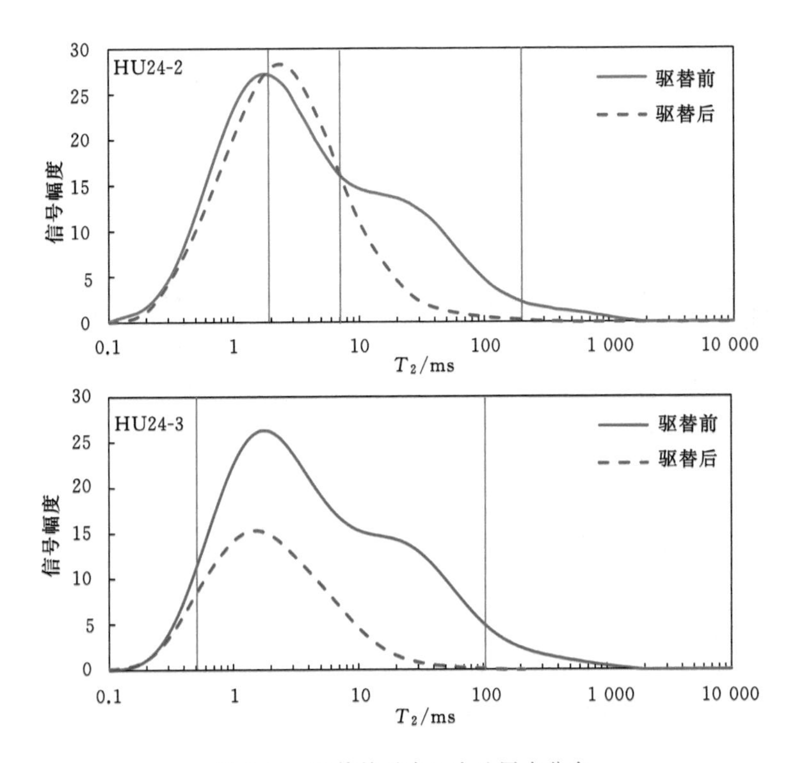

图5-11　驱替前后岩心中地层水分布

表5-5　驱替结束后岩心中残余地层水和CO_2体积

注入方式	滞留CO_2体积/cm^3	残余水体积/cm^3（NMR T_2谱）	残余水体积/cm^3（称重法）	残余水饱和度/%（NMR T_2谱）	残余水饱和度/%（称重法）
WAG	0.29	0.85	0.81	78.4	75.8
CO_2	0.62	0.46	0.42	42.6	40.2

注：CO_2体积为70 ℃、18 MPa条件下的体积。

由图5-11可以看出，岩心HU24-2在CO_2和地层水交替注入结束后最大孔隙（T_2>200 ms）中地层水信号消失，表明这些孔隙完全被游离的CO_2所占据，大孔隙(10 ms<T_2<200 ms)中的地层水饱和度显著减小,小孔隙(T_2<10 ms)中地层水分布也发生变化,但是变化幅度相对较小,其中在 2 ms<T_2<8 ms 范围的孔隙中地层水的信号增强了。岩心 HU24-3 在持续 CO_2 注入结束后的中等孔隙(0.5 ms<T_2<100 ms)中地层水饱和度显著减小,大孔隙(T_2>100 ms)中地层水信号消失。持续 CO_2 注入后,岩石中地层水的饱和度下降比气水交替注入后地层水的饱和度下降幅度大。由于 CO_2 为非润湿相、地层水为润湿相,所以在 CO_2 注入过程中大尺寸的渗流通道是 CO_2 主要渗流通道。CO_2 注入结束后,主要占据大孔隙的中央,另外一部分 CO_2 溶解在地层水中。地层水主要以束缚水的状态分布在细小的孔隙中,或者以水膜的形式覆盖在大孔隙表面。而气水交替注入过程中,气水两相渗流更复杂,地层水和 CO_2 注入结束后,虽然地层水饱和度变化较小,但是分布变化相对复杂。这归因于气水交替注入过程中较大的注入压力和 CO_2 较大的波及体积,由于贾敏效应和较高的注入压差导致 CO_2 能进入相对更小和更多的孔隙中置换地层水,因此更多的孔隙中的地层水饱和度发生变化,且这些变化存在明显的差异。值得注意的是,虽然一些孔隙中的地层水饱和度发生变化较小,但是由于在 CO_2 注入过程中与 CO_2 接触,这部分孔隙中地层水一定程度也溶解了 CO_2。

由表 5-5 可以看出,根据 NMR 测试得到的 T_2 谱和称重法测得的残余水饱和度差值为 2%~3%,测试结果基本可靠。以气水交替方式不断向岩心中注入地层水和 CO_2,导致注入结束后地层水饱和度远高于持续 CO_2 注入。由于 CO_2 在地层水中的溶解度相对较小,因而相同体积的地层水能溶解的 CO_2 体积远小于纯粹的孔隙空间,后者决定了埋存 CO_2 的能力。虽然气水交替注入过程中注入压力高,地层水中 CO_2 溶解度相对较大,且残余水饱和度相对较高,但是在实验结束后滞留在岩心中的 CO_2 大部分以游离状态存在于大孔隙中。高的残余水饱和度则对应相对较小的游离态 CO_2 所占的孔隙空间。因此,气水交替注入后岩心中滞留的 CO_2 的量小于持续 CO_2 注入。

(3) CO_2 注入过程中 CO_2 埋存规律

由于 CO_2 与地层水交替注入不属于向盐水层注 CO_2 埋存的操作,因此只讨论持续注入 CO_2 过程中 CO_2 突破、出口端不再产出地层水和注入结束后三个时间点 CO_2 埋存效果评价。其中,置换地层水效率(T_w,cm^3/cm^3)、CO_2 埋存效率(S_{cw},%)以及残余地层水中平均 CO_2 溶解度(D_{1w},cm^3/cm^3)计算方法见式(5-5)~式(5-7),计算结果见表 5-6。

$$T_w = \frac{产出地层水体积}{注入CO_2 的体积} \tag{5-5}$$

$$S_c = \frac{滞留在岩心中的CO_2 体积}{注入CO_2 的体积} \times 100\% \tag{5-6}$$

$$D_{1w}=\frac{\text{滞留在岩心中的}CO_2\text{体积}-\text{产出地层水体积}}{\text{孔隙体积}-\text{产出地层水体积}} \tag{5-7}$$

表 5-6　持续注入 CO_2 过程中 CO_2 埋存效果评价

	$T_w/(cm^3/cm^3)$	$S_{cw}/\%$	$D_{1w}/(cm^3/cm^3)$	埋存量/cm^3
CO_2 突破时	0.919	100	0.041	0.37
地层水不再产出	0.099	10.7	0.095	0.61
实验结束时	0.004 1	0.44	0.096	0.62

注：CO_2 体积为 70 ℃、18 MPa 条件下的体积。

由表 5-6 可以看出，CO_2 突破时，CO_2 置换地层水的效率最高，且埋存效率为 100%。此时被注入的 CO_2 没有驱替出等体积的地层水，这是由于注入端压力升高导致的 CO_2 体积被压缩，并且一部分 CO_2 迅速溶于岩心内的地层水中。虽然埋存效果最好，但是埋存 CO_2 的量最小。随着 CO_2 继续注入直到出口端不再有地层水产出时，CO_2 置换地层水的效率下降至 0.099 cm^3/cm^3，埋存效率也下降至 10.7%，但是埋存 CO_2 的量增加了 67%。此外，此时地层水已经达到束缚水状态，游离状态 CO_2 多占据的孔隙空间达到最大值。同时，残余地层水中 CO_2 的溶解度也提高了，同样有利于 CO_2 的埋存。此后继续注入 CO_2 直至当实验结束，残余地层水中 CO_2 的溶解度和埋存量几乎不发生变化，反而由于注入 CO_2 的无效循环显著降低了置换地层水的效率和埋存效率。因此，在出口端不再有地层水产出时，岩石埋存 CO_2 的能力达到最大值。这是因为容纳游离状态 CO_2 的孔隙空间体积是决定埋存 CO_2 量的关键因素。由于 CO_2 溶于地层水的速率较高，因此直到实验结束时残余地层水中的 CO_2 溶解度变化较小，继续注入 CO_2 并不能有效增加 CO_2 的埋存量。

综上所述，向盐水层注 CO_2 埋存时，在 CO_2 突破之前 CO_2 的埋存效率最高；不再有地层水产出时 CO_2 埋存量达到最大，但埋存效率显著下降；继续注入 CO_2 不能有效增加 CO_2 的埋存量。矿场应根据埋存效率的变化决定何时停止注入 CO_2，以兼顾 CO_2 埋存量和埋存效率。

5.2.3　储层物性变化

(1) 渗透率与孔隙度变化

表 5-7 为实验前后三块岩心渗透率孔隙度测试结果。从中可以看出，岩心 HU24-1 经过地层水驱替后渗透率下降 2.52%，下降幅度很小，但岩心 HU24-2、HU24-3 在驱替前后渗透率都有明显的下降，岩心 HU24-2 经过 CO_2 与地层水交替驱后，渗透率下降幅度最大(32.75%)，岩心 HU24-3 经 CO_2 驱替后渗透率

下降幅度(14.92%)小于岩心 HU24-2。而三块岩心的孔隙度在驱替前后变化为 1%～2%,变化幅度很小。

表 5-7　岩心样品驱替前后孔隙度和渗透率

岩心编号	驱替方式	K_b /mD	K_a /mD	$1-\frac{K_a}{K_b}$ /%	Φ_b /%	Φ_a /%	$1-\frac{\Phi_a}{\Phi_b}$ /%
HU24-1	地层水驱	0.477	0.465	2.52	10.47	10.32	1.43
HU24-2	CO_2-WAG 驱	0.452	0.304	32.75	9.91	9.73	1.81
HU24-3	CO_2 驱	0.449	0.382	14.92	9.96	9.80	1.61

由岩心 HU24-1 的测试结果可以看出,地层水驱替后岩心渗透率和孔隙度的变化很小,几乎可以忽略,表明在本书实验条件下该驱替速度并没有引发速敏,地层水也没有引起黏土矿物的膨胀,但岩心 HU24-2 和 HU24-3 在驱替后渗透率都下降了,排除了驱替过程中地层水对实验结果的影响,证明 CO_2 的注入才是岩心驱替后渗透率下降的原因。CO_2 注入岩心后溶于地层水形成碳酸,引发岩石-CO_2-地层水相互作用,使碳酸盐胶结物及基质中长石发生溶解并释放颗粒,在驱替过程中这些颗粒的运移导致了孔隙的堵塞,最终引起岩石渗透率下降[73]。

实验中所使用的岩心为特低渗岩心,渗透率的下降更加明显,但孔隙度变化仍然很小,是由于岩心内部发生颗粒运移,导致岩心总孔隙空间体积变化不大,但是颗粒在喉道处的堵塞及在孔隙空间的堆积严重降低了岩石内渗流通道的流动性。在驱替过程中虽然矿物溶解会导致孔隙增大,能一定程度上增加岩石渗透率,但实验结果表明在本次的实验条件下,尤其是孔喉结构更加细小的低渗岩心,相对于颗粒运移造成的堵塞而言,矿物溶解引发的渗透率增加并不占主要地位,矿物溶解造成的孔隙度变化也可以忽略。

(2) 孔隙半径分布变化

由图 5-12 可以看出,岩心 HU24-1 在地层水驱替前后 T_2 谱重合程度较高,表明岩心 HU24-1 在驱替前后孔隙半径分布几乎没有变化。

由图 5-13 可以看出,岩心 HU24-2 和 HU24-3 在注入 CO_2 驱之后,T_2 谱发生偏移,右侧大孔隙分布比例下降,中等半径孔隙分布比例增加,而左侧小孔隙分布与驱替前相差较小。虽然中等半径孔隙比例增加,但是大孔隙对岩心渗透率的贡献要大于中等半径和小半径孔隙,所以岩石整体渗透率表现是下降的。

对比岩心 HU24-2 和 HU24-3 驱替前后的核磁共振 T_2 谱,虽然两块岩心驱

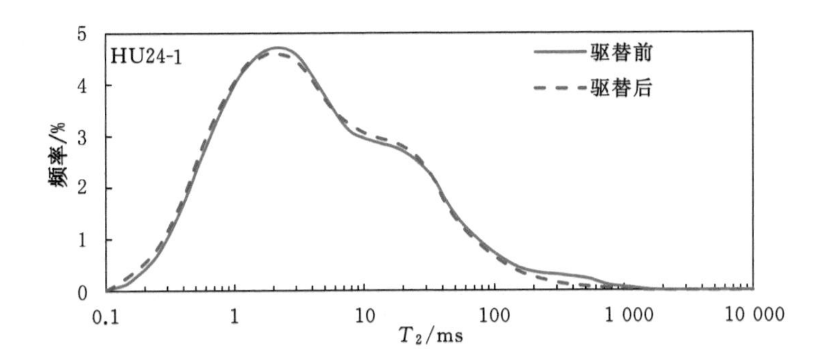

图 5-12　岩心 HU24-1 地层水驱替前后核磁共振 T_2 谱

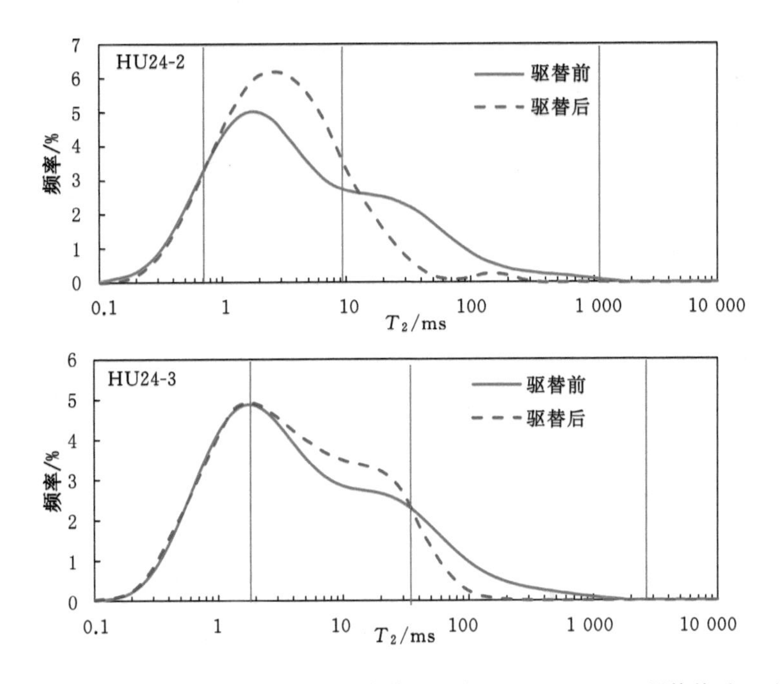

图 5-13　岩心 HU24-2 CO_2-WAG 驱替前后及岩心 HU24-3 CO_2 驱替前后 T_2 谱

替前后孔隙半径分布变化类似，但是岩心 HU24-2 的 T_2 谱驱替前后变化范围和幅度要大于 HU24-3(表 5-8)，驱替后岩心 HU24-2 孔隙半径分布更加集中，岩心 HU24-2 的 T_2 谱由驱替前的双峰变为驱替后的单峰，岩心 HU24-3 驱替后的 T_2 谱仍是双峰，但是双峰的宽度变窄。两块岩心孔隙半径分布变化的差异对应了驱替前后渗透率下降幅度的差异。

表 5-8　岩心 HU24-2、HU24-3 驱替前后孔隙半径分布变化

岩心编号	驱替方式	孔隙半径 r 分布比例变化范围/μm		
		不变	增大	减小
HU24-2	CO_2-WAG 驱	$r<0.036$	$0.036<r<0.51$	$r>0.51$
HU24-3	CO_2 驱	$r<0.12$	$0.12<r<1.26$	$r>1.26$

岩心 HU24-2 和 HU24-3 驱替前后 T_2 谱的变化显示，岩心在注入 CO_2 后，孔隙半径分布会发生变化，而岩心的孔隙总体积并没有明显的变化，这代表岩心内不同尺寸的孔隙之间发生了相互转化[130-131]。孔隙半径分布的变化是岩石所有孔隙微观形态变化的宏观表现，根据孔隙微观形态的变化可以分析驱替过程中孔隙尺寸的转化。对于某个半径孔隙分布比例的变化，可能是由两方面的因素造成：一方面，该半径的孔隙会发生矿物溶解、颗粒释放（孔隙空间增大）、颗粒运移、孔隙堵塞（孔隙空间减小），导致孔隙形态有较大变化，同时可能转变为其他尺寸的孔隙；另一方面，其他尺寸的孔隙也可能因为相同的原因转化为该半径的孔隙，这两种相反的转化共同决定了某个半径孔隙的数量变化情况。但是不同半径的孔隙发生转化的概率及转化的趋势不同，大孔隙发生转化的概率大且大孔隙容易向小孔隙转化，这是因为在驱替过程中 CO_2 作为非润湿相主要存在于大孔隙中，大孔隙容易发生矿物溶解且是流体主要的流动空间，孔隙被堵塞的概率大。另外，对于砂岩岩心，颗粒运移堵塞孔隙的效果要大于矿物溶解扩大孔隙的效果，虽然矿物溶解及颗粒释放能一定程度增加孔隙空间，但颗粒从孔隙壁面脱落及新生成的黏土颗粒在随流体流动时，可能松散地附着、堆积在此孔隙或其他参与流动的大孔隙中，形成桥堵或完全堵塞喉道，减小被堵塞孔隙的空间甚至将孔隙分割为多个较小的孔隙，使总体孔隙半径更平均也更小[132]。

以岩心 HU24-2 驱替前后的 T_2 谱为例，半径小于 0.036 μm 的孔隙中的流体可以认为在驱替过程中没有发生流动，不存在颗粒运移的现象，孔隙尺寸发生转化的机会小。半径大于 0.51 μm 的孔隙比例大幅减少，而半径介于 0.036～0.51 μm 之间的孔隙比例增加，原因可能是在本书的驱替条件下，在 CO_2-WAG 驱过程中半径大于 0.51 μm 的孔隙是 CO_2 和地层水主要的流动通道，造成大孔隙普遍向中间孔隙转变。对于同一块岩心，孔隙半径分布变化的情况在一定程度上会导致岩心渗透率的下降。

(3) 孔隙微观形态变化

根据 SEM 观察结果（图 5-14），将孔隙形态和充填状况分为两类：第一类孔隙主要存在于驱替之前的岩心及地层水驱替后的岩心（HU24-1）中，扫描电镜照片显示部分大孔隙壁面较为光滑，且充填物较少[图 5-14(a)]，部分孔隙壁面分

布蜂窝状蒙脱石、球绒状绿泥石和极少量书页状高岭石，但是这些矿物排列紧密，并没有过多占据孔隙空间以至于喉道被完全堵塞[图 5-14(b)、(c)]，此类孔隙形态特征是孔隙和喉道之间有较好的连通性，流体在其中的流动阻力小；另一类孔隙主要存在于 CO_2-WAG 驱替(HU24-2)和 CO_2 驱替(HU24-3)后的岩心中，此类大孔隙中有散落的高岭石堆积或者被碎屑充填，孔隙和喉道连通性较差[图 5-14(d)、(e)]，另有盐结晶在部分孔隙内形成桥堵[图 5-14(f)]，此类孔隙形态对岩石的渗透率是不利的。综上所述，岩石注入 CO_2 后，岩心部分孔隙的尺寸及形态发生了较大变化，在整个岩心尺度上表现为岩心孔隙半径分布发生了变化。

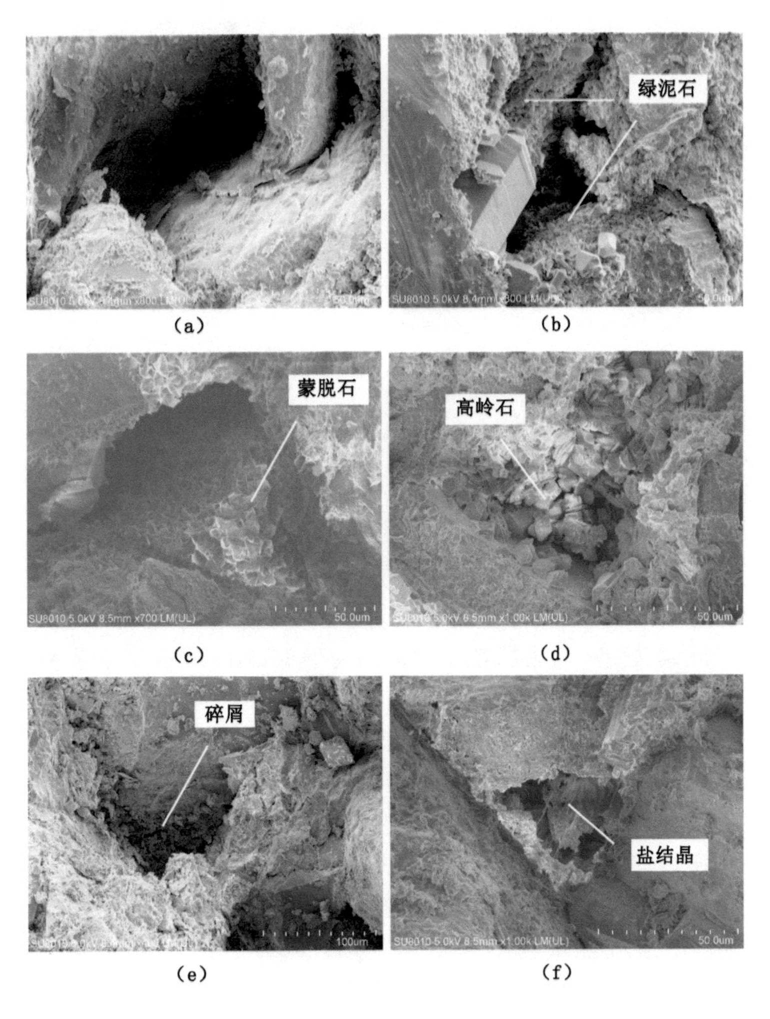

图 5-14　岩心在驱替前后孔隙的扫描电镜照片

另外，对比岩心 HU24-2 及 HU24-3 驱替后 SEM 观察结果发现，岩心 HU24-2 中被堵塞孔隙的充填物多为松散的片状高岭石和碎屑，盐桥堵塞较为少见；而在岩心 HU24-3 中，相对较多的孔隙出现盐桥形式的堵塞，甚至一个孔隙中出现上述三种形式的堵塞。根据 SEM 观察的统计结果，岩心 HU24-2 中大孔隙被堵塞的程度总体上要比岩心 HU24-3 严重，且岩心 HU24-2 中被堵塞大孔隙数量也较多，也对应了岩心 HU24-2 孔隙分布变化大于岩心 HU24-3 的情况。

驱替前后岩心 HU24-2 及 HU24-3 扫描电镜照片对比显示，在 CO_2 长时间注入过程中自生黏土矿物原有紧凑的结构被破坏，造成脱落或新生成的片状高岭石松散地堆积在孔隙内，随着矿物的溶解，碎屑颗粒也被释放并运移，最终堆积在喉道处或滞留在孔隙壁面，孔隙内流体中的盐析出形成桥堵。这些变化均是岩石-CO_2-地层水相互作用及流体的驱替引起的，在砂岩岩石中发生的反应一般包括碳酸盐岩、碱性长石和黏土矿物的溶解以及新生矿物的沉淀，见式(5-8)～式(5-11)[133-134]。

钾长石：

$$2KAlSi_3O_8 + 2H^+ + 9H_2O = Al_2Si_2O_5(OH)_4(\text{高岭石}) + 2K^+ + 4H_4SiO_4 \tag{5-8}$$

绿泥石：

$$[Fe/Mg]_5Al_2Si_3O_{10}(OH)_8 + 5CaCO_3 + 5CO_2 = 5Ca[Fe/Mg](CO_3)_2 + Al_2Si_2O_5(OH)_4(\text{高岭石}) + SiO_2 + 2H_2O \tag{5-9}$$

碳酸盐矿物：

$$CO_2 + H_2O + CaCO_3 = Ca(HCO_3)_2 \tag{5-10}$$

$$CO_2 + H_2O + MgCO_3 = Mg(HCO_3)_2 \tag{5-11}$$

高温高压下的酸性环境中，基质表面钾长石会发生溶解，生成可移动的高岭石碎片并释放到孔隙中。碳酸盐矿物能够与碳酸迅速反应，岩石颗粒的稳定性会遭到破坏，释放碎屑颗粒，引起更大规模颗粒运移，另外碳酸盐矿物的溶解会导致流体中的 Ca^{2+}、Mg^{2+} 等离子浓度增加，当浓度、pH 值、温度或者压力等外界条件改变时，极有可能重新沉淀析出，造成孔隙堵塞[135]。黏土矿物对其表层化学环境的变化很敏感，黏土矿物与超临界 CO_2 和酸化矿物之间的相互作用可能导致黏土层结构不稳定甚至是分解黏土矿物，自生或者新生成的黏土矿物会从岩石基质中释放出来，CO_2 也会改变黏土矿物层间电荷并引起排斥力，导致黏土矿物分散并在孔隙内运移[136]。因此，碳酸盐矿物的溶解和黏土矿物的变化在相对较短的时间内就会造成孔隙空间几何形态发生变化，特别是当各种类型的颗粒随着流体运移优先堵塞尺寸较小的喉道，而孔隙与喉道的连通性是影响岩心渗透率的关键因素。随后，颗粒继续堆积在喉道处，进而引起孔隙尺寸发生变化[图 5-15(c)、(d)]。

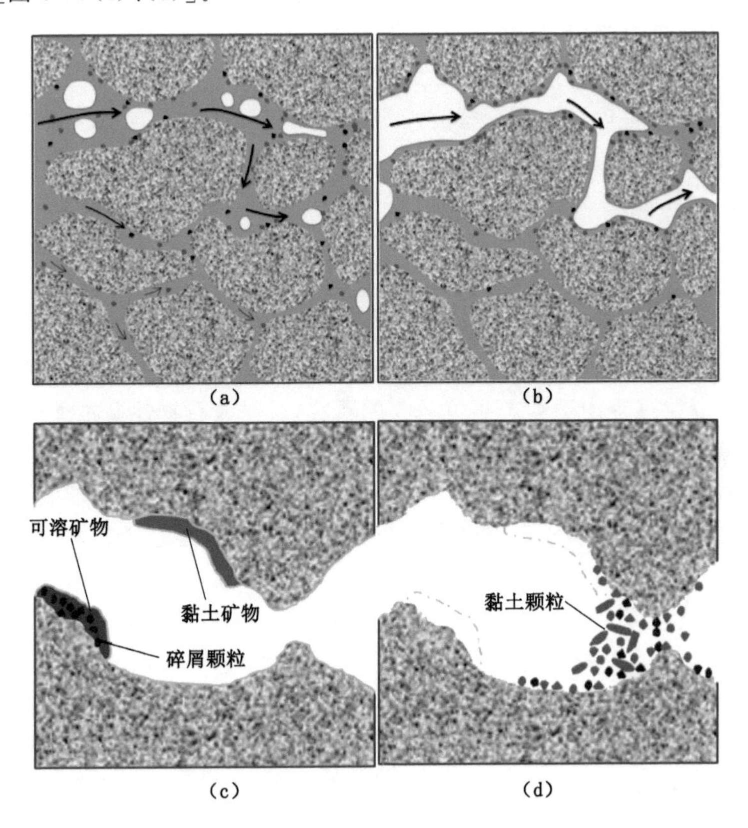

图 5-15　岩心 HU24-2 及 HU24-3 驱替过程中矿物溶解颗粒运移及孔隙堵塞示意图

当含有 NaCl 的酸性地层水在毛细管压力作用下被抽提到矿物表面后，暴露在超临界 CO_2 下的 NaCl 溶液会发生盐霜反应，导致 NaCl 晶体的析出[137]。本书实验中高矿化度的地层水在孔隙中与超临界 CO_2 接触，有一定数量孔隙发现盐结晶形成的桥堵，尤其是 CO_2 驱替的岩心内，不仅将大孔隙分割为多个较小的孔隙，也降低了流体在其中流动的能力[图 5-14(f)]。

上述原因引起的孔隙微观形态的变化都将严重损害特低渗岩石的渗透率，而孔隙度受到的影响较小。特别是岩石中的大孔隙，在驱替过程中作为流体主要流动通道及颗粒运移的主要场所，因此 SEM 照片中显示大孔隙微观形态变化明显，在孔隙半径分布中反映出大孔隙比例下降显著。

综上所述，岩心在注入 CO_2 之后物性变化的机理主要是矿物的溶解及颗粒的运移，主要包含三个要素：可发生运移的颗粒、颗粒运移的场所、携带颗粒运移的流体。其中，岩心中岩石-CO_2-地层水相互作用的程度和范围决定可发生运移颗粒的数量，而在岩心孔隙半径分布已确定的前提下，注入流体的类型以及驱替方式决定了另外两个因素，最终影响岩石物性的变化。

(4) CO_2 注入方式对岩石物性变化的影响

实验所用三块短岩心在驱替前确定了实验材料初始性质的一致性，在驱替实验结束后，岩心物性变化的差异(尤其是岩心 HU24-2、HU24-3)只能是不同驱替方法造成的。根据前文所述岩心物性变化的机理，结合三种驱替的特征得出不同驱替方式下物性变化存在差异的原因主要有三个方面：岩石-CO_2-地层水相互作用的程度和范围、发生颗粒运移孔隙的半径范围、颗粒运移的动力。

首先，岩石-CO_2-地层水相互作用是产生可运移颗粒的原因，是岩石在驱替过程中岩石物性变化的前提条件。岩心 HU24-1 在排除速敏和黏土矿物膨胀等因素后，在驱替过程中不会产生可运移的颗粒，所以岩石物性基本无变化。而对于 CO_2-WAG 驱的岩心 HU24-2 及 CO_2 驱的岩心 HU24-3，两者在驱替过程中岩石-CO_2-地层水相互作用的程度和范围存在较大的差异。CO_2 驱替岩心时，首先大孔隙内的部分地层水会被驱出，CO_2 主要存在于大孔隙中央，剩余地层水多以水膜的形态出现，CO_2 进入较小孔隙空间主要靠扩散作用，且在多孔介质中的扩散速度较慢。因此，在岩心内形成的碳酸水的量要少，矿物溶解程度较小，根据扫描电镜照片发现在此过程中主要是盐结晶的生长和黏土矿物原有的紧密结构遭到破坏，造成释放颗粒的规模小。而 CO_2-WAG 驱时岩心内不断补充 CO_2 和地层水，CO_2、岩石、地层水接触更充分，CO_2-地层水-岩石相互作用的程度相对较大，但地层水在岩心内与超临界 CO_2 接触的时间、面积均小于 CO_2 驱，岩心孔隙出现盐结晶的现象要少。另外，气水交替驱的方式具有扩大波及的作用，CO_2 可以在驱替压差的作用下进入次一级的孔隙中，扩大了岩心中 CO_2-地层水-岩石相互作用的范围，产生更大规模可运移的颗粒[图 5-15(a)、(b)]。

其次，在发生颗粒运移孔隙的半径范围方面，相对于 CO_2 驱，CO_2-WAG 驱过程中在岩心里颗粒运移的范围更广。单纯 CO_2 驱替时，随着含水饱和度的下降，逐渐在作为主要流通通道的大孔隙中成为连续相[138]，颗粒的运移与堵塞作用也主要发生在这些大孔隙中。CO_2-WAG 驱过程中，一个周期内气驱结束后，气体主要滞留在大孔隙内，在进行地层水驱时，由于贾敏效应的影响，流体在大孔隙内的流动会受阻[57-58]，进而溶有 CO_2 的地层水也会在较小的孔隙流动，次一级的孔隙中也会发生颗粒运移堵塞现象，尺寸发生转化的孔隙更多，导致更大范围的孔隙半径分布发生变化[图 5-15(a)、(b)]。

最后，在颗粒运移动力大小方面，CO_2 驱过程中颗粒运移动力要弱于 CO_2-WAG 驱。低速流动的气体携带颗粒能力弱，在 CO_2 驱时非润湿相的气体长时间存在于岩心的大孔隙中央，颗粒的运移只能靠液膜或者少量参与流动的地层水。CO_2-WAG 驱时携带颗粒的主要是地层水，液体携带颗粒运移的能力要远大于气体，并且在气水注入切换时产生压力的波动更加剧了颗粒的释放及运移。

基于以上原因，岩心 HU24-2 中孔隙堵塞的规模更大，表现为孔隙半径分布发生变化的范围和幅度更大，岩心 HU24-2 的渗透率下降幅度大于岩心 HU24-3。

5.3　本章小结

本章对不同特征储层岩心使用不同 CO_2 驱替方法后 CO_2 的换油率和埋存效率做了评估。此外，通过饱和盐水的岩心注 CO_2 驱替实验，研究了高含水岩心中 CO_2 埋存效果及储层物性的变化，得出以下结论：

① 强层间非均质多层系统中 CO_2-WAG 驱结束后 CO_2 换油率为 0.492 m^3/m^3，是 CO_2 驱的 2 倍。由于注入地层水占据了部分岩石孔隙空间，CO_2-WAG 驱后 CO_2 埋存效率为 25.6%，比 CO_2 驱低 11.2%，且储层中剩余流体中 CO_2 的浓度略低于 CO_2 驱。非混相 CO_2 驱、混相 CO_2 及 CO_2-SAG 驱结束后 CO_2 的换油率在 0.47～0.57 m^3/m^3之间。其中，非混相 CO_2 驱换油率略高于混相 CO_2 及 CO_2-SAG 驱，主要归因于较短的驱替时间缩短了低效的 CO_2 抽提原油的过程。CO_2-SAG 驱过程中的 CO_2 浸泡提高了 CO_2 换油率。非混相 CO_2 驱、混相 CO_2 驱结束后 CO_2 埋存效率为 57%～64%，CO_2-SAG 驱后 CO_2 埋存效率相比单纯 CO_2 驱高 10%～20%，CO_2 浸泡阶段使 CO_2-SAG 驱结束后岩石孔隙流体中 CO_2 浓度相对较高。单独岩心中注 CO_2 驱油后 CO_2 换油率及 CO_2 埋存效率都高于非均质强的多层系统，混相 CO_2-SAG 驱的 CO_2 换油率及埋存效率高于混相 CO_2 驱。

② 向饱和地层水的低渗岩心注入 CO_2 过程中，以气水交替方式注入时，驱替压差约为持续注入 CO_2 时驱替压差的 2.5 倍。气水交替注入过程中，注入流体达到 20 PV 时，流体产出规律周期性变化。在持续 CO_2 注入过程中，当注入流体体积达到 5.7 PV 时，不再有地层水产出。持续注 CO_2 埋存过程中，在 CO_2 突破时 CO_2 的置换地层水率最高，为 0.919 cm^3/cm^3，CO_2 埋存效率最高。不再有地层水产出时，CO_2 埋存量达到最大，但埋存效率显著下降，为 10.7%。

③ 低渗砂岩岩心被 CO_2 以不同方式驱替后，岩心渗透率均会下降，但孔隙度几乎保持不变，驱替后岩石部分孔隙被碎屑颗粒、黏土矿物及盐结晶堵塞，孔隙半径分布向左偏移。CO_2-地层水-岩石相互作用引发岩心中矿物溶解释放颗

粒、颗粒运移堵塞孔隙的现象，导致了岩心渗透率下降、孔隙微观形态变化及孔隙半径分布变化。CO_2-WAG 驱后岩心渗透率下降幅度大于 CO_2 驱后的岩心，前者大孔隙堵塞数量及程度较为严重，孔隙半径分布变化幅度和范围更大。CO_2-地层水-岩石相互作用的程度、参与流动的孔隙半径的范围、颗粒运移的动力三方面的差异导致两种驱替方式下岩石物性变化存在差异。

第 6 章　总结与创新

6.1　主要创新点

① 基于恒速压汞测试得到毛细管压力曲线，通过分形分析的方法以分形维数定量表征具有相似渗透率但孔隙半径分布存在差异的岩石孔喉结构的非均质性。

② 提出了 CO_2-SAG 驱时结束 CO_2 浸泡阶段的最佳时间点。CO_2-SAG 驱过程中的 CO_2 浸泡期间 CO_2 逐渐溶解于储层流体，储层压力不断衰减，在保障 CO_2 浸泡阶段 CO_2 与原油充分相互作用、有效提高后续 CO_2 驱油效率的前提下，在储层压力停止衰减之前的某个时间点提前结束 CO_2 浸泡过程，避免低效且对产油不利的压力平缓衰减期。

③ 定量分析了非混相 CO_2 驱和混相 CO_2 驱、CO_2-SAG 驱油过程中，岩石微观非均质性对原油采收率和岩石物性变化的影响，同时定量表征了沥青质沉淀造成的孔喉堵塞在储层岩石中的分布。

④ 定量分析了具有强层间非均质性由岩心模拟的多层系统中 CO_2 驱和 CO_2-WAG 驱油过程沥青质沉淀及无机沉淀在不同渗透率储层中造成渗透率损害的比例。

⑤ 定量分析了一维非均质长岩心及层间非均质多层长岩心系统中，相比于 CO_2 驱，CO_2-SAG 驱原油采收率改善程度以及造成渗透率损害的微观和宏观分布特征，区分了沥青质沉淀堵塞孔喉与吸附机制对岩石渗透率的影响程度。

6.2　工作总结

本书针对低渗砂岩储层岩石，对储层岩石和流体基础物性、不同储层物性特

征及不同 CO_2 驱替方法的 CO_2 驱油特征及驱替机理、驱替过程中沥青质沉淀和无机沉淀引发储层伤害的特征、CO_2 埋存效果等问题进行了研究，得到以下认识：

① 目标储层原油、地层水、CO_2、储层岩石在地层条件下的基础物性参数，CO_2 在原油和地层水中的溶解度以及溶解了 CO_2 的原油和地层水的物性参数是本书研究的基础。H 区块储层平均温度和压力为 70 ℃、18 MPa，岩石物性总体较差，属低孔、超低渗砂岩储层，储层层间非均质性较强。岩石所含主要矿物为石英、长石、岩屑、碳酸盐矿物、黏土矿物。地层原油的密度、黏度分别为0.726 g/cm^3 和 3.88 mPa·s。原油中沥青质含量为 1.32%。地层水总矿化度为 29 520 mg/L，水型为氯化钙型，地层水 pH 值为 7 左右。在地层温度压力条件下，地层水的密度和黏度分别为 0.992 g/cm^3 和 0.419 mPa·s。CO_2 在原油和地层水中的溶解度分别为 5.15 mol/L 和 1.13 mol/L。储层温度条件下，CO_2-原油系统的最小混相压力为 16.8 MPa。当原油中 CO_2 含量达到 20 mol%时，原油中开始产生沥青质沉淀。在地层温度压力条件下，原油中的 CO_2 最大浓度为 56 mol%，此时原油中的沥青质将会完全沉淀。

② 为了研究不同物性低渗储层中不同 CO_2 不同驱替方式的驱替特征和驱替机理，在地层条件下及强非均质多层系统中进行了 CO_2 和 CO_2-WAG 驱油实验以及在不同孔喉结构岩心中进行了混相与非混相 CO_2 驱及 CO_2-SAG 驱实验。研究发现，在渗透率比为 1∶11.6∶108 的强非均质多层系统中，CO_2 驱平均驱替压差低于 CO_2-WAG 驱，但 CO_2 突破较早。CO_2 驱后整个系统 91.4%的油和 99%的气产量来自高渗层。CO_2-WAG 驱后中、低渗层的产油贡献分别达到 3.8%和 17.1%，改善了 CO_2 在各层中的驱油效果，高、中、低渗层采收率比 CO_2 驱后高 22.23%、16.5%和 6.4%。

③ 基于孔隙半径分布和压汞曲线，通过分形理论对 4 块渗透率相似的岩心孔喉结构特征进行了定量评估，之后进行了混相及非混相 CO_2 和混相 CO_2-SAG 驱油实验。研究发现，在原油采收率方面，混相 CO_2 驱原油采收率比非混相驱替高 12%～17%，孔喉结构均质的岩心比非均质岩心高 18%～27%。相同驱替条件下剩余油与岩心孔喉结构分形维数成正比。在非混相条件下，岩心孔喉结构对岩心原油采收率影响更显著。CO_2-SAG 驱原油采收率为 53%～71%，比 CO_2 驱高 8%～14%。岩心孔喉结构的非均质性越强，CO_2 浸泡后后续 CO_2 驱原油采收率的改善越明显。CO_2-SAG 驱的 CO_2 浸泡阶段，压力大约需要 5 h 才能进入平稳衰减。孔喉结构越均质，初始快速压力衰减率越大。结束 CO_2 浸泡阶段的最佳时间约为 80～135 min，与分形维数呈线性关系。

④ 沿流动方向渗透率递减的非均质长岩心中，CO_2-SAG 驱油后出口端低

渗岩石部分消耗的压差占总驱替压差的40%～70%,长岩心中原油采收率沿CO_2流动方向减小,总采收率为72.8%,比CO_2驱高11.0%。然而,与CO_2驱相比,CO_2-SAG驱对长岩心中间和出口端的岩石中原油采收率改善程度效果最好。这是由于这部分渗透率相对较低的岩石中残余油饱和度较高,且在一次驱替中与CO_2相互作用不充分,而浸泡过程弥补了这一不足。对非均质储层,CO_2-SAG驱能有效提高原油采收率,且注入CO_2的利用效率更高。

⑤ 由不同渗透率长岩心组成的多层系统中CO_2-SAG驱后高、中、低渗长岩心采收率分别比常规CO_2驱提高7.6%、8.3%、7.7%,其对应产油贡献率分别为61.6%、27.7%、10.6%,各岩心产油贡献率的差异小于CO_2驱。浸泡阶段及二次驱替未有效将驱替前缘向出口端推进,CO_2波及体积没有明显扩大,只是增强了CO_2突破前已被CO_2波及的孔隙中CO_2的驱油效果。

⑥ 强非均质多层系统中CO_2驱后只有高渗层的渗透率明显降低,幅度为16.1%,其中95.1%由沥青质沉淀造成。CO_2-WAG驱后各层的渗透率下降幅度比CO_2驱后的对应层大,分别为29.4%、16.8%和6.9%。沥青质沉淀引起的渗透率下降幅度高于CO_2驱,在高渗层中20.6%的渗透率降低由CO_2-地层水-岩石相互作用引起。

⑦ 4块孔喉结构不同的岩心中进行的混相及非混相CO_2驱和混相CO_2-SAG驱后岩心渗透率分别下降了7%～15%、4%～8%、8%～19%。驱替后渗透率下降幅度与岩心孔喉结构分形维数成正比。混相CO_2驱后岩心中平均每1%的原油采收率对应渗透率下降幅度高于混相CO_2-SAG驱,且岩心孔喉结构非均质性越强这个值越大。混相和非混相CO_2驱后岩心的Amott-Harvey指数分别下降了25%～60%、10%～22%。由于注入的CO_2波及体积更大,孔喉结构均匀的岩心油湿性增强更明显。混相条件下,岩心孔喉堵塞和润湿性变化分布更均匀,对孔喉结构的敏感性更高。混相CO_2-SAG驱后岩石物理性质的综合变化(渗透率下降和润湿性变化)为9%～12%,高于混相CO_2驱的6%～9%,这主要是由于CO_2浸泡导致的润湿性变化更大。岩心孔喉结构越均匀,原油采收率越高,物性变化越大。CO_2-SAG驱是一种比CO_2驱更有效的改善原油采收率的方法,对岩心的损害相对较小,特别是对于孔喉结构较差的岩心。

⑧ 沿流动方向渗透率递减的非均质长岩心中,CO_2-SAG驱后沥青质沉淀导致岩心渗透率下降12.4%～27.9%,比CO_2驱高1.0%～4.2%,最大的差异出现在注入端。注入端岩心渗透率的总体下降幅度大于出口端。CO_2-SAG驱后不可逆渗透率下降占总渗透率下降的4.1%～12.1%,大于CO_2驱。CO_2驱后沥青质沉淀引起的岩心润湿性变化沿注入方向逐渐减小,与残余油饱和度分布一致。CO_2-SAG驱后变化较大,长组合岩心中部变化最大。浸泡过程促进了

沥青质的沉淀和吸附。浸泡过程对岩石润湿性向亲油性转变的影响大于渗透率下降。CO_2-SAG 驱在非均质油储层中驱油效果显著，但沥青质沉淀堵塞更严重，润湿性变化程度更大。

⑨ 由不同渗透率长岩心组成的多层系统中 CO_2 驱后高渗长岩心中沿注入方向渗透率缓慢下降，注入端为 24.5%～25.8%，比出口端岩心高 5.5%～14.3%。CO_2-SAG 驱渗透率下降幅度比 CO_2 驱高 1.6%～9.2%。沥青质沉淀堵塞引起的渗透率下降占 CO_2 驱后总渗透率下降的 84.7%～62.7%，比 CO_2-SAG 驱高 5.2%～17.1%。如果能采取措施抑制储层中沥青质的析出，CO_2-SAG 驱有望取得较好的增产效果。

⑩ 强层间非均质多层系统中 CO_2-WAG 驱结束后 CO_2 的换油率为 0.492 m^3/m^3，远高于 CO_2 驱，但 CO_2-WAG 驱后 CO_2 埋存效率为 25.6%，比 CO_2 驱低 11.2%，且储层中剩余流体中 CO_2 的平均浓度略低于 CO_2 驱。非混相 CO_2 驱、混相 CO_2 驱及 CO_2-SAG 驱结束后，CO_2 的换油率在 0.47～0.57 m^3/m^3之间，其中非混相 CO_2 驱换油率最高，主要归因于较早的 CO_2 突破缩短了驱替时间，减少了低效的 CO_2 抽提原油的过程。非混相 CO_2 驱、混相 CO_2 驱结束后 CO_2 埋存效率为 57%～64%，CO_2-SAG 驱后 CO_2 埋存效率相比 CO_2 驱高 10%～20%。单独岩心中注 CO_2 驱油后 CO_2 换油率及 CO_2 埋存效率都高于强层间非均质多层系统，混相 CO_2-SAG 驱的 CO_2 换油率及埋存效率高于混相 CO_2 驱。

⑪ 向饱和地层水的低渗砂岩持续注入 CO_2 过程中，在 CO_2 突破之前 CO_2 的埋存效率最高，CO_2 置换地层水效率达到 0.919 cm^3/cm^3。不再有地层水产出时 CO_2 埋存量提升至 67%，达到最大，但埋存效率显著下降至 10.7%。继续注入 CO_2 不能显著增加 CO_2 的埋存量。

⑫ 饱和地层水的低渗砂岩岩心被 CO_2 以不同方式驱替过程中，CO_2-地层水-岩石相互作用比 CO_2 驱油过程强。驱替后岩石部分孔隙被碎屑颗粒、黏土矿物及盐结晶堵塞，使岩石孔隙微观形态变化，导致渗透率下降以及孔隙半径分布向左偏移。CO_2-WAG 驱后岩心渗透率下降幅度大于 CO_2 驱后的岩心，前者大孔隙堵塞数量及程度较为严重，孔隙半径分布变化幅度和范围更大。

在未来工作中，将进一步研究油气藏注 CO_2 提高采收率及埋存过程中储层原油回收和储层物性变化的宏观与微观分布。

参考文献

[1] 秦积舜,韩海水,刘晓蕾.美国 CO_2 驱油技术应用及启示[J].石油勘探与开发,2015,42(2):209-216.

[2] 刘玉章,陈兴隆.低渗油藏 CO_2 驱油混相条件的探讨[J].石油勘探与开发,2010,37(4):466-470.

[3] GHEDAN S. Global laboratory experience of CO_2-EOR flooding[C]//SPE/EAGE Reservoir Characterization and Simulation Conference. Abu Dhabi,United Arab Emirates,European Association of Geoscientists and Engineers,2009:125581.

[4] AMPOMAH W,BALCH R,CATHER M,et al. Evaluation of CO_2 storage mechanisms in CO_2 enhanced oil recovery sites: application to morrow sandstone reservoir[J]. Energy and fuels,2016,30(10):8545-8555.

[5] 钱坤,杨胜来,黄飞,等.注 CO_2 过程中沥青质沉淀对低渗储层的伤害及对润湿性的影响[J].油田化学,2020,37(3):536-541.

[6] 黄兴,倪军,李响,等.致密油藏不同微观孔隙结构储层 CO_2 驱动用特征及影响因素[J].石油学报,2020,41(7):853-864.

[7] ZHOU X,YUAN Q W,ZHANG Y Z,et al. Performance evaluation of CO_2 flooding process in tight oil reservoir via experimental and numerical simulation studies[J]. Fuel,2019,236:730-746.

[8] HUANG X,LI A,LI X,et al. Influence of typical core minerals on tight oil recovery during CO_2 flooding using the nuclear magnetic resonance technique[J]. Energy and fuels,2019,33(8):7147-7154.

[9] AL-SAEDI H N,LONG Y F,FLORI R,et al. Coupling smart seawater flooding and CO_2 flooding for sandstone reservoirs:smart seawater alternating CO_2 flooding(SMSW-AGF)[J]. Energy and fuels,2019,33(10):9644-9653.

[10] LAN Y,YANG Z Q,WANG P,et al. A review of microscopic seepage

mechanism for shale gas extracted by supercritical CO_2 flooding[J]. Fuel, 2019,238:412-424.

[11] 胡永乐,郝明强,陈国利,等. 中国 CO_2 驱油与埋存技术及实践[J]. 石油勘探与开发,2019,46(4):716-727.

[12] 钱坤,杨胜来,窦洪恩,等. 注 CO_2 过程中流体性质变化及驱油机理实验研究[J]. 石油科学通报,2019,4(1):69-82.

[13] 胡伟,吕成远,王锐,等. 水驱转 CO_2 混相驱渗流机理及传质特征[J]. 石油学报,2018,39(2):201-207.

[14] 吕成远,王锐,崔茂蕾,等. 高含水条件下 CO_2 混相驱替实验[J]. 石油学报,2017,38(11):1293-1298.

[15] KARKEVANDI-TALKHOONCHEH A,ROSTAMI A,HEMMATI-SARAPARDEH A,et al. Modeling minimum miscibility pressure during pure and impure CO_2 flooding using hybrid of radial basis function neural network and evolutionary techniques[J]. Fuel,2018,220:270-282.

[16] HUANG F,HUANG H D,WANG Y Q,et al. Assessment of miscibility effect for CO_2 flooding EOR in a low permeability reservoir[J]. Journal of petroleum science and engineering,2016,145:328-335.

[17] QIAN K,YANG S L,DOU H E,et al. Experimental investigation on microscopic residual oil distribution during CO_2 huff-and-puff process in tight oil reservoirs[J]. Energies,2018,11(10):2843.

[18] WANG Q,YANG S L,LORINCZI P,et al. Experimental investigation of oil recovery performance and permeability damage in multilayer reservoirs after CO_2 and water-alternating-CO_2 (CO_2-WAG) flooding at miscible pressures[J]. Energy and fuels,2020,34(1):624-636.

[19] AAKRE H, MATHIESEN V, MOLDESTAD B. Performance of CO_2 flooding in a heterogeneous oil reservoir using autonomous inflow control [J]. Journal of petroleum science and engineering,2018,167:654-663.

[20] DING M C,YUAN F Q,WANG Y F,et al. Oil recovery from a CO_2 injection in heterogeneous reservoirs:the influence of permeability heterogeneity,CO_2-oil miscibility and injection pattern[J]. Journal of natural gas science and engineering,2017,44:140-149.

[21] LI Z Y,GU Y A. Soaking effect on miscible CO_2 flooding in a tight sandstone formation[J]. Fuel,2014,134:659-668.

[22] MAHDAVI S,JAMES L A. Micro and macro analysis of carbonated wa-

ter injection(CWI) in homogeneous and heterogeneous porous media[J]. Fuel,2019,257:115916.

[23] 王琛,李天太,高辉,等. CO_2 驱沥青质沉积对岩心的微观伤害机理[J]. 新疆石油地质,2017,38(5):602-606.

[24] FAKHER S,IMQAM A. Investigating and mitigating asphaltene precipitation and deposition in low permeability oil reservoirs during carbon dioxide flooding to increase oil recovery(Russian)[C]//SPE Annual Caspian Technical Conference and Exhibition. Astana,Kazakhstan. Society of Petroleum Engineers,2018:192558.

[25] CHEN J N,LI T T,WU S H. Influence of pressure and CO_2 content on the asphaltene precipitation and oil recovery during CO_2 flooding[J]. Petroleum science and technology,2018,36(8):577-582.

[26] 于志超,杨思玉,刘立,等. 饱和 CO_2 地层水驱过程中的水-岩相互作用实验[J]. 石油学报,2012,33(6):1032-1042.

[27] WANG R F,CHI Y G,ZHANG L,et al. Comparative studies of microscopic pore throat characteristics of unconventional super-low permeability sandstone reservoirs:examples of Chang 6 and Chang 8 reservoirs of Yanchang Formation in Ordos Basin,China[J]. Journal of petroleum science and engineering,2018,160:72-90.

[28] WANG Z N,LUO X R,LEI Y H,et al. Impact of detrital composition and diagenesis on the heterogeneity and quality of low-permeability to tight sandstone reservoirs:an example of the Upper Triassic Yanchang Formation in SouthEastern Ordos Basin[J]. Journal of petroleum science and engineering,2020,195:107596.

[29] 张金亮,司学强,梁杰,等. 陕甘宁盆地庆阳地区长 8 油层砂岩成岩作用及其对储层性质的影响[J]. 沉积学报,2004,22(2):225-233.

[30] 李海波,朱巨义,郭和坤. 核磁共振 T_2 谱换算孔隙半径分布方法研究[J]. 波谱学杂志,2008,25(2):273-280.

[31] 林玉保,张江,刘先贵,等. 喇嘛甸油田高含水后期储集层孔隙结构特征[J]. 石油勘探与开发,2008,35(2):215-219.

[32] QU Y Q,SUN W,TAO R D,et al. Pore-throat structure and fractal characteristics of tight sandstones in Yanchang Formation,Ordos Basin[J]. Marine and petroleum geology,2020,120:104573.

[33] WU Y Q,TAHMASEBI P,LIN C Y,et al. A comprehensive study on ge-

ometric, topological and fractal characterizations of pore systems in low-permeability reservoirs based on SEM, MICP, NMR, and X-ray CT experiments[J]. Marine and petroleum geology, 2019, 103: 12-28.
[34] 裘怿楠, 陈子琪. 油藏描述[M]. 北京: 石油工业出版社, 1996.
[35] ZHOU Y, JI Y L, XU L M, et al. Controls on reservoir heterogeneity of tight sand oil reservoirs in Upper Triassic Yanchang Formation in Longdong Area, southwest Ordos Basin, China: implications for reservoir quality prediction and oil accumulation[J]. Marine and petroleum geology, 2016, 78: 110-135.
[36] QIAO J C, ZENG J H, JIANG S, et al. Impacts of sedimentology and diagenesis on pore structure and reservoir quality in tight oil sandstone reservoirs: implications for macroscopic and microscopic heterogeneities[J]. Marine and petroleum geology, 2020, 111: 279-300.
[37] LAI J, WANG G W. Fractal analysis of tight gas sandstones using high-pressure mercury intrusion techniques[J]. Journal of natural gas science and engineering, 2015, 24: 185-196.
[38] ZHAO P Q, WANG Z L, SUN Z C, et al. Investigation on the pore structure and multifractal characteristics of tight oil reservoirs using NMR measurements: Permian Lucaogou Formation in Jimusaer Sag, Junggar Basin[J]. Marine and petroleum geology, 2017, 86: 1067-1081.
[39] LI P, ZHENG M, BI H, et al. Pore throat structure and fractal characteristics of tight oil sandstone: a case study in the Ordos Basin, China[J]. Journal of petroleum science and engineering, 2017, 149: 665-674.
[40] GUO R L, XIE Q C, QU X F, et al. Fractal characteristics of pore-throat structure and permeability estimation of tight sandstone reservoirs: a case study of Chang 7 of the Upper Triassic Yanchang Formation in Longdong area, Ordos Basin, China[J]. Journal of petroleum science and engineering, 2020, 184: 106555.
[41] WANG J, CAO Y C, LIU K Y, et al. Fractal characteristics of the pore structures of fine-grained, mixed sedimentary rocks from the Jimsar Sag, Junggar Basin: implications for lacustrine tight oil accumulations[J]. Journal of petroleum science and engineering, 2019, 182: 106363.
[42] WANG X Q, ZHANG S Y, GU yongan. Four important onset pressures for mutual interactions between each of three crude oils and CO_2[J].

Journal of chemical and engineering data,2010,55(10):4390-4398.

[43] HAN L Y,GU Y A. Optimization of miscible CO_2 water-alternating-gas injection in the bakken formation[J]. Energy and fuels, 2014, 28(11): 6811-6819.

[44] ZHANG Y,GAO M W,YOU Q,et al. Smart mobility control agent for enhanced oil recovery during CO_2 flooding in ultra-low permeability reservoirs[J]. Fuel,2019,241:442-450.

[45] HASSAN A, ELKATATNY S, ABDULRAHEEM A. Intelligent prediction of minimum miscibility pressure(MMP) during CO_2 flooding using artificial intelligence techniques[J]. Sustainability,2019,11(24):7020.

[46] GHORBANI M,MOMENI A,SAFAVI S,et al. Modified vanishing interfacial tension(VIT) test for CO_2-oil minimum miscibility pressure(MMP) measurement[J]. Journal of natural gas science and engineering,2014,20: 92-98.

[47] AL HINAI N M,MYERS M B,DEHGHANI A M,et al. Effects of oligomers dissolved in CO_2 or associated gas on IFT and miscibility pressure with a gas-light crude oil system[J]. Journal of petroleum science and engineering,2019,181:106210.

[48] SHARIATPANAHI S F,DASTYARI A,BASHUKOOH B,et al. Visualization experiments on immiscible gas and water injection by using 2D-fractured glass micromodels[C]//All Days. March 12-15,2005. Kingdom of Bahrain. SPE,2005:93537.

[49] WANG J,ZHOU F,FAN F,et al. Study on the influence of CO_2 finger-channeling flooding on oil displacement efficiency and anti-channeling method[C]//In ARMA-CUPB Geothermal International Conference. 2019 September. American Rock Mechanics Association,2019:85698.

[50] MOSAVAT N,TORABI F. Experimental evaluation of the performance of carbonated water injection(CWI) under various operating conditions in light oil systems[J]. Fuel,2014,123:274-284.

[51] CAUDLE B H,DYES A B. Improving miscible displacement by gas-water injection[J]. Transactions of the AIME,1958,213(1):281-283.

[52] ATTANUCCI V,ASLESEN K S,HEJL K A,et al. WAG process optimization in the rangely CO_2 miscible flood[C]//SPE Annual Technical Conference and Exhibition. Houston,Texas. Society of Petroleum Engineers,

1993:94587.

[53] RAHIMI V,BIDARIGH M,BAHRAMI P. Experimental study and performance investigation of miscible water-alternating-CO_2 Flooding for enhancing oil recovery in the sarvak formation[J]. Oil and gas sciences and technology-revue d'IFP energies nouvelles,2017,72(6):35.

[54] AL-BAYATI D,SAEEDI A,MYERS M,et al. Insight investigation of miscible $SCCO_2$ Water Alternating Gas(WAG) injection performance in heterogeneous sandstone reservoirs[J]. Journal of CO_2 utilization,2018,28:255-263.

[55] 李向良,李振泉,郭平,等. 二氧化碳混相驱的长岩心物理模拟[J]. 石油勘探与开发,2004,31(5):102-104.

[56] 熊健,郭平. CO_2 非混相驱注气参数优化研究[J]. 新疆石油科技,2012,22(3):22-24.

[57] RIAZI M,SOHRABI M,JAMIOLAHMADY M. Experimental study of pore-scale mechanisms of carbonated water injection[J]. Transport in porous media,2011,86(1):73-86.

[58] ABEDINI A,TORABI F. Oil recovery performance of immiscible and miscible CO_2 huff-and-puff processes[J]. Energy and fuels,2014,28(2):774-784.

[59] GROGAN A T,PINCZEWSKI W V. The role of molecular diffusion processes in tertiary CO_2 flooding[J]. Journal of petroleum technology,1987,39(5):591-602.

[60] ALCORN Z P,FREDRIKSEN S B,SHARMA M,et al. An integrated carbon-dioxide-foam enhanced-oil-recovery pilot program with combined carbon capture,utilization,and storage in an onshore texas heterogeneous carbonate field[J]. SPE reservoir evaluation and engineering,2019,22(4):1449-1466.

[61] SOORGHALI F,ZOLGHADR A,AYATOLLAHI S. Effect of resins on asphaltene deposition and the changes of surface properties at different pressures:a microstructure study[J]. Energy and fuels,2014,28(4):2415-2421.

[62] BUCKLEY J S,HIRASAKI G J,LIU Y,et al. Asphaltene precipitation and solvent properties of crude oils[J]. Petroleum science and technology,1998,16(3/4):251-285.

[63] ZENDEHBOUDI S, AHMADI M A, MOHAMMADZADEH O, et al. Thermodynamic investigation of asphaltene precipitation during primary oil production: laboratory and smart technique[J]. Industrial and engineering chemistry research,2013,52(17):6009-6031.

[64] WANG J X, BUCKLEY J S. An experimental approach to prediction of asphaltene flocculation[C]//All Days. February 13-16, 2001. Houston, Texas. SPE,2001:96351.

[65] JAMALUDDIN A K M, CREEK J, KABIR C S, et al. Laboratory techniques to measure thermodynamic asphaltene instability[J]. Journal of Canadian petroleum technology,2002,41(7):44-53.

[66] CIVAN F. Modeling and simulation of formation damage by organic deposition[C]//In First international symposium in colloid chemistry in oil production: asphaltenes and wax deposition, JSCOP, 1995, November, 1995:26-29.

[67] NGHIEM L X, KOHSE B F, ALI S M F, et al. Asphaltene precipitation: phase behaviour modelling and compositional simulation[C]//All Days. April 25-26, 2000. Yokohama, Japan. SPE,2000:97238.

[68] LEONTARITIS K J. The wax deposition envelope of gas condensates [C]//All Days. May 4-7, 1998. Houston, Texas. OTC,1998:82736.

[69] 赵凤兰,鄢捷年.原油沥青质沉积引起储层损害的评价与控制[J].西南石油学院学报,2005(5):18-22.

[70] 胡杰,何岩峰,李栋,等.二氧化碳驱过程中沥青质对储层渗透率的影响[J].油气田地面工程,2011,30(5):20-23.

[71] 陈亮,孙雷,王英,等. CO_2 驱后储层及剩余油物性变化探讨[J].油气藏评价与开发,2011,1(3):19-21.

[72] QIAN K, YANG S L, DOU H E, et al. Formation damage due to asphaltene precipitation during CO_2 flooding processes with NMR technique[J]. Oil and gas science and technology-revue d'IFP energies nouvelles,2019, 74:11.

[73] SAYEGH S G, KRAUSE F F, GIRARD M, et al. Rock/fluid interactions of carbonated brines in a sandstone reservoir: pembina cardium, Alberta, Canada[J]. SPE formation evaluation,1990,5(4):399-405.

[74] WANG Q, YANG S L, HAN H S, et al. Experimental investigation on the effects of CO_2 displacement methods on petrophysical property changes of

ultra-low permeability sandstone reservoirs near injection wells[J]. Energies,2019,12(2):327.

[75] YU M,LIU L,YANG S Y,et al. Experimental identification of CO_2-oil-brine-rock interactions:implications for CO_2 sequestration after termination of a CO_2-EOR project[J]. Applied geochemistry,2016,75:137-151.

[76] WANG Z L,YANG S L,LEI H,et al. Oil recovery performance and permeability reduction mechanisms in miscible CO_2 water-alternative-gas (WAG) injection after continuous CO_2 injection:an experimental investigation and modeling approach[J]. Journal of petroleum science and engineering,2017,150:376-385.

[77] SASAKI K,FUJII T,NIIBORI Y,et al. Numerical simulation of supercritical CO_2 injection into subsurface rock masses[J]. Energy conversion and management,2008,49(1):54-61.

[78] GUNTER W D,PERKINS E H,HUTCHEON I. Aquifer disposal of acid gases:modelling of water-rock reactions for trapping of acid wastes[J]. Applied geochemistry,2000,15(8):1085-1095.

[79] 赵轩,何顺利. 我国 CO_2 埋存及提高采收率 SWOT 分析[J]. 重庆科技学院学报(自然科学版),2010,12(6):45-47.

[80] BRADSHAW J,ALLINSON G,BRADSHAW B E,et al. Australia's CO_2 geological storage potential and matching of emission sources to potential sinks[J]. Energy,2004,29(9/10):1623-1631.

[81] 王舒,张银,任韶然. 评估在 CO_2 EOR 和地下水效应影响下原油采收率和 CO_2 埋存能力[J]. 国外油田工程,2008(9):10-14.

[82] 梁凯强,王宏,杨红,等. 延长油田 CO_2 非混相驱地质封存潜力初步评价[J]. 断块油气田,2018,25(1):89-92.

[83] 李光. 废弃油层封存 CO_2 的渗流-应力-损伤耦合机理及对 CO_2 埋存安全性的影响[D]. 成都:西南石油大学,2016.

[84] ALKAN H,CINAR Y,ÜLKER E B. Impact of capillary pressure,salinity and in situ conditions on CO_2 injection into saline aquifers[J]. Transport in porous media,2010,84(3):799-819.

[85] BACHU S. Review of CO_2 storage efficiency in deep saline aquifers[J]. International journal of greenhouse gas control,2015,40:188-202.

[86] YU Z C,LIU L,YANG S Y,et al. An experimental study of CO_2-brine-rock interaction at in situ pressure-temperature reservoir conditions[J].

Chemical geology,2012,326/327:88-101.

[87] 赵明国,杨艳真,杨洪羽. CO_2 驱中岩石性质变化[J]. 科技导报,2013,31(23):50-52.

[88] 房涛,张立宽,刘乃贵,等. 核磁共振技术定量表征致密砂岩气储层孔隙结构:以临清坳陷东部石炭系-二叠系致密砂岩储层为例[J]. 石油学报,2017,38(8):902-915.

[89] CHEN J,HIRASAKI G J,FLAUM M. NMR wettability indices:effect of OBM on wettability and NMR responses[J]. Journal of petroleum science and engineering,2006,52(1/2/3/4):161-171.

[90] WANG F Y,YANG K,YOU J X,et al. Analysis of pore size distribution and fractal dimension in tight sandstone with mercury intrusion porosimetry[J]. Results in physics,2019,13:102283.

[91] 杨国栋,李义连,马鑫,等. 绿泥石对 CO_2-水-岩石相互作用的影响[J]. 地球科学,2014,39(4):462-472.

[92] WANG Q,LORINCZI P,GLOVER P W J. Oil production and reservoir damage during miscible CO_2 injection[J]. The leading edge,2020,39(1):22-28.

[93] HAMOUDA A A,CHUKWUDEME E A,MIRZA D. Investigating the effect of CO_2 flooding on asphaltenic oil recovery and reservoir wettability[J]. Energy and fuels,2009,23(2):1118-1127.

[94] IDEM R O,IBRAHIM H H. Kinetics of CO_2-induced asphaltene precipitation from various Saskatchewan crude oils during CO_2 miscible flooding[J]. Journal of petroleum science and engineering, 2002, 35 (3/4):233-246.

[95] WANG Q,YANG S,LORINCZI P,et al. Effect of pore-throat microstructures on formation damage in tight sandstone reservoirs during miscible CO_2 flooding[J]. Energy and fuels,2020,34(4):4338-4352.

[96] DEO M, PARRA M. Characterization of carbon-dioxide-induced asphaltene precipitation[J]. Energy and fuels,2012,26(5):2672-2679.

[97] 雷浩. 低渗储层 CO_2 驱油过程中沉淀规律及防治对策研究[D]. 北京:中国石油大学(北京),2017.

[98] 韦琦,侯吉瑞,郝宏达,等. 特低渗油藏 CO_2 驱气窜规律研究[J]. 石油科学通报,2019,4(2):145-153.

[99] JABER A K,AWANG M B,LENN C P. Box-Behnken design for assess-

ment proxy model of miscible CO_2-WAG in heterogeneous clastic reservoir[J]. Journal of natural gas science and engineering,2017,40:236-248.

[100] HAN J J,LEE M,LEE W,et al. Effect of gravity segregation on CO_2 sequestration and oil production during CO_2 flooding[J]. Applied energy, 2016,161:85-91.

[101] ALHAMDAN M R,CINAR Y,SUICMEZ V S,et al. Experimental and numerical study of compositional two-phase displacements in layered porous media[J]. Journal of petroleum science and engineering,2012,98/99:107-121.

[102] GAO H,LI H Z. Determination of movable fluid percentage and movable fluid porosity in ultra-low permeability sandstone using nuclear magnetic resonance(NMR) technique[J]. Journal of petroleum science and engineering,2015,133:258-267.

[103] 肖佃师,卢双舫,陆正元,等. 联合核磁共振和恒速压汞方法测定致密砂岩孔喉结构[J]. 石油勘探与开发,2016,43(6):961-970.

[104] ZHANG J,ZHANG H X,MA L Y,et al. Performance evaluation and mechanism with different CO_2 flooding modes in tight oil reservoir with fractures [J]. Journal of petroleum science and engineering,2020,188:106950.

[105] LI Z,GU Y. Optimum timing for CO_2-EOR after waterflooding and soaking effect on miscible CO_2 Flooding in a tight sandstone formation[J]. Energy and fuels,2014,28(1):488-499.

[106] YANG D Y,GU Y A,TONTIWACHWUTHIKUL P. Wettability determination of the reservoir Brine-Reservoir rock system with dissolution of CO_2 at high pressures and elevated temperatures[J]. Energy and fuels, 2008,22(1):504-509.

[107] 王琛,李天太,高辉,等. CO_2-地层水-岩石相互作用对特低渗透砂岩孔喉伤害程度定量评价[J]. 西安石油大学学报(自然科学版),2017,32(6):66-72.

[108] BIKKINA P,WAN J M,KIM Y,et al. Influence of wettability and permeability heterogeneity on miscible CO_2 flooding efficiency[J]. Fuel, 2016,166:219-226.

[109] 朱子涵,李明远,林梅钦,等. 储层中 CO_2-水-岩石相互作用研究进展[J]. 矿物岩石地球化学通报,2011,30(1):104-112.

[110] MENDOZA DE LA CRUZ J L,ARGÜELLES-VIVAS F J,MATÍAS-

PÉREZ V, et al. Asphaltene-induced precipitation and deposition during pressure depletion on a porous medium: an experimental investigation and modeling approach[J]. Energy and fuels, 2009, 23(11): 5611-5625.

[111] MONTEAGUDO J E P, RAJAGOPAL K, LAGE P L C. Simulating oil flow in porous media under asphaltene deposition[J]. Chemical engineering science, 2002, 57(3): 323-337.

[112] ALI M A, KHOLOSY S M, AL-HADDAD A A. Laboratory investigation of dynamic growth of asphaltene deposition and formation damage on sandstone cores[J]. Journal of engineering research, 2013, 1(2): 59-73.

[113] DORYANI H, MALAYERI M R, RIAZI M. Visualization of asphaltene precipitation and deposition in a uniformly patterned glass micromodel [J]. Fuel, 2016, 182: 613-622.

[114] JAFARI BEHBAHANI T, GHOTBI C, TAGHIKHANI V, et al. Investigation on asphaltene deposition mechanisms during CO_2 flooding processes in porous media: a novel experimental study and a modified model based on multilayer theory for asphaltene adsorption[J]. Energy and fuels, 2012, 26(8): 5080-5091.

[115] CAO M, GU Y A. Physicochemical characterization of produced oils and gases in immiscible and miscible CO_2 flooding processes[J]. Energy and fuels, 2013, 27(1): 440-453.

[116] WU H, ZHANG C L, JI Y L, et al. An improved method of characterizing the pore structure in tight oil reservoirs: integrated NMR and constant-rate-controlled porosimetry data[J]. Journal of petroleum science and engineering, 2018, 166: 778-796.

[117] UETANI T. Wettability alteration by asphaltene deposition: a field example[C]//Day 4 Thu, November 13, 2014. November 10-13, 2014. Abu Dhabi, UAE. SPE, 2014: 86813.

[118] SIM S S K, OKATSU K, TAKABAYASHI K, et al. Asphaltene-induced formation damage: effect of asphaltene particle size and core permeability[C]// All Days. October 9-12, 2005. Dallas, Texas. SPE, 2005: 98147.

[119] DORYANI H, MALAYERI M R, RIAZI M. Visualization of asphaltene precipitation and deposition in a uniformly patterned glass micromodel [J]. Fuel, 2016, 182: 613-622.

[120] 曹毅，孔玲，刘义成，等. 四川盆地莲池致密油藏注 CO_2 开发数值模拟研

究及方案优选[J]. 天然气勘探与开发,2016,39(2):45-49.

[121] 张亮,王舒,张莉,等. 胜利油田老油区 CO_2 提高原油采收率及其地质埋存潜力评估[J]. 石油勘探与开发,2009,36(6):737-742.

[122] 杨永智,沈平平,宋新民,等. 盐水层温室气体地质埋存机理及潜力计算方法评价[J]. 吉林大学学报(地球科学版),2009,39(4):744-748.

[123] 王涛. 盐水层 CO_2 埋存潜力及影响因素分析[J]. 岩性油气藏,2010,22(S1):85-88.

[124] NOVOSEL D. Initial results of WAG CO_2 IOR pilot project implementation in croatia[C]//All Days. December 5-6,2005. Kuala Lumpur,Malaysia. SPE,2005:68921.

[125] IGLAUER S,SARMADIVALEH M,AL-YASERI A,et al. Permeability evolution in sandstone due to injection of CO_2-saturated brine or supercritical CO_2 at reservoir conditions [J]. Energy procedia, 2014, 63: 3051-3059.

[126] 王欢,廖新维,赵晓亮,等. 新疆油田 CO_2 驱提高原油采收率与地质埋存潜力评价[J]. 陕西科技大学学报(自然科学版),2013,31(2):74-79.

[127] XIAO P F,LV C Y,WANG R,et al. Laboratory study heterogeneity impact on microscopic residual oil distribution in tight sandstone cores during CO_2 immiscible flooding[J]. Energy sources,Part A:recovery,utilization,and environmental effects,2019,41(23):2895-2905.

[128] 汤勇,杜志敏,孙雷,等. CO_2 在地层水中溶解对驱油过程的影响[J]. 石油学报,2011,32(2):311-314.

[129] 杜建芬,刘伟,郭平,等. 低渗透油藏气水交替注入能力变化规律研究[J]. 西南石油大学学报(自然科学版),2011,33(5):114-117.

[130] ZHAO Y C,SONG Y C,LIU Y,et al. Visualization and measurement of CO_2 flooding in porous media using MRI[J]. Industrial and engineering chemistry research,2011,50(8):4707-4715.

[131] KHATHER M,SAEEDI A,REZAEE R,et al. Experimental investigation of changes in petrophysical properties during CO_2 injection into dolomite-rich rocks[J]. International journal of greenhouse gas control,2017,59:74-90.

[132] XIE Q,SAEEDI A,DELLE PIANE C,et al. Fines migration during CO_2 injection:experimental results interpreted using surface forces[J]. International journal of greenhouse gas control,2017,65:32-39.

[133] SAEEDI A,DELLE PIANE C,ESTEBAN L,et al. Flood characteristic

and fluid rock interactions of a supercritical CO_2, brine, rock system: South West Hub, Western Australia[J]. International journal of greenhouse gas control, 2016, 54: 309-321.

[134] GAUS I. Role and impact of CO_2-rock interactions during CO_2 storage in sedimentary rocks[J]. International journal of greenhouse gas control, 2010, 4(1): 73-89.

[135] PUDLO D, HENKEL S, REITENBACH V, et al. The chemical dissolution and physical migration of minerals induced during CO_2 laboratory experiments: their relevance for reservoir quality[J]. Environmental earth sciences, 2015, 73(11): 7029-7042.

[136] WILSON M J, WILSON L, PATEY I. The influence of individual clay minerals on formation damage of reservoir sandstones: a critical review with some new insights[J]. Clay minerals, 2014, 49(2): 147-164.

[137] PEARCE J M, HOLLOWAY S, WACKER H, et al. Natural occurrences as analogues for the geological disposal of carbon dioxide[J]. Energy conversion and management, 1996, 37(6/7/8): 1123-1128.

[138] 朱华银，徐轩，安来志，等. 致密气藏孔隙水赋存状态与流动性实验[J]. 石油学报，2016，37(2)：230-236.